学校地震应急演练指南

（插绘版）

中 国 地 震 局 指导
中国灾害防御协会 组织编写

地 震 出 版 社

图书在版编目（CIP）数据

学校地震应急演练指南：插绘版 / 中国灾害防御协会组织编写 . -- 北京：地震出版社，2023.2

ISBN 978-7-5028-5539-0

Ⅰ. ①学… Ⅱ. ①中… Ⅲ. ①地震灾害—自救互救—指南 Ⅳ. ① P315.9-62

中国版本图书馆 CIP 数据核字 (2023) 第 021659 号

地震版 XM 5403/ P（6360）

学校地震应急演练指南（插绘版）

中国地震局　指导

中国灾害防御协会　组织编写

责任编辑：李肖寅

责任校对：凌　樱

出版发行：地 震 出 版 社

北京市海淀区民族大学南路 9 号　　邮编：100081

发行部：68423031　　传真：68467991

总编办：68462709　68423029

http：//seismologicalpress.com

E-mail：dz_press@163.com

经销：全国各地新华书店

印刷：河北文盛印刷有限公司

版（印）次：2023 年 2 月第一版　2023 年 2 月第一次印刷

开本：710 × 1000　1/16

字数：81 千字

印张：6

书号：ISBN 978-7-5028-5539-0

定价：26.00 元

前　言

学校安全是做好学校各项工作的基础、前提和保障，安全教育又是做好安全工作的基础。安全教育是一项终身受益的教育，同时又具极强的实践性。通过安全教育，培养学生安全素养，切实提高其安全避险能力，是安全教育的重要目的。做好应急疏散演练，正是提高学生安全避险能力的有效途径。

许多发达国家都非常重视应急演练，而且已实现了常态化。比如在日本，学校经常组织演习，告诉学生面对自然灾害时，哪些做法是正确的，哪些是错误的。在美国，从小学到高中学生必须熟知火灾、地震等灾难演习，按规定每个学年都要进行一到两次安全演练。在英国，为了应对可能出现的自然灾害，政府要求学校制定危险应急预案，每周都要对学生进行应急训练。通过这些扎实有效的演练，学生不仅提升了安全意识，学到了逃生常识，同时也提高了应变能力。

我国是多地震的国家，地震灾害严重。在我国强有感地震和灾害性地震中，学校经常不同程度地出现因避险不当而造成伤亡的现象。典型的不当行为包括躲避位置不当、惊逃室外途中被砸、惊恐跳楼、惊慌拥挤踩压、自救互救方法不当等。

2003 年“非典”事件，尤其是 2008 年汶川地震后，我国越来越重视学校安全工作，中央和地方政府都对学校安全工作提出了明确要求。一些法律法规相继出台，学校普遍开展防灾安全教育和相关活动。全国各地的学校纷纷成立抗震救灾指挥组织，制定地震应急预案，进行应急演练。

但是，很多演练往往既不系统又缺乏深度，只是流于形式、走走过场，未能达到好的演练效果。究其原因，这与缺乏科学实用的、针对性强的地震应急演练指南有很大关系。

为提升各类学校地震应急疏散演练活动设计的规范性和科学性，

增强演练活动的安全性和实操性，促进学校地震应急预案不断朝着实战化方向优化和改进，我们参照地震、应急和教育部门已经出台的相关法律、法规、规章、标准和文件等，编写了《学校地震应急演练指南（插绘版）》一书，对地震应急演练的准备阶段、实施阶段、总结阶段等全过程提出了全面、具体、明确的建议。

本书适用于指导中小学组织开展地震应急演练活动。大中专院校、幼儿园等组织开展应急演练活动时，可参照本书的建议执行。限于各地所处的地震环境和风险不同，各校师生数量、建筑年代与规模、设防等级标准等存在差异，我们仅对学校地震应急演练活动的一般原则性内容以及必需的固定动作进行统一设计，各校可结合各自的实际情况制定切实可行的应急预案和应急演练实施方案。

目 录

一、学校地震应急管理准备

◆ 假如你遭遇灾难事件，你将会怎样面对灾难呢？也许你已经经历过灾难，那么，下次遭遇同样的情况，你会采取什么不同的措施呢？对于这两个问题，我们都可以明确地做出回答：积极做好准备。

◆ 总结大量突发事件和灾难案例后可得出结论：灾难发生时，第一时间“第一响应者”的行为正确与否，往往决定着他们在灾难中能否生存。

最典型的例子：

◎ 四川安县桑枣中学，2008 年汶川 8.0 级大地震前加固改造了教学楼，多次进行过演练，震时 2200 多名师生在 1 分 36 秒的时间内全部逃离了教学楼，学校没有一人在地震中受伤或者遇难，创造这一奇迹的校长被网民称赞为“史上最牛校长”。

◎ 英国小女孩蒂莉·史密斯在历史罕见的 2004 年印尼大海啸发生时，正在泰国普吉岛迈考海滩上游玩。她当时看到的海面情景与地理老师曾说过的知识“海水突然退去和里面产生气泡就是海啸前兆”一致，她立即通知工作人员，让他们向海滩边的游客发出警告并及时将游客疏散到安全区域，迈考海滩成为泰国普吉岛少数几个在海啸中没有出现任何人员伤亡的海滩。小女孩后来受到联合国总部表彰，被称为“海啸天使”。

在我国强有感地震和灾害性地震中，学校往往不同程度地出现过因避险不当而造成伤亡的现象，躲避位置不当、惊逃室外途中被砸、惊恐跳楼、惊慌拥挤踩压、自救互救方法不当等典型的不当行为经常发生。

校园突发事件应急管理的基本原则

校园突发事件应急管理的处置效果的好坏，取决于是否树立了科学的防灾理念，是否坚持了正确的原则，是否在突发事件爆发前已做好充分的应急准备。一旦发生突发事件，全力做到早发现、早报告、早研判、早处置、早解决“五早”，在专业救援队伍到来前抓住“黄金一小时，白金十分钟”关键时间，第一时间展开避险行动和自救互救，最大限度减少师生伤亡，是校园应急处置的根本所在。

具体地说，应对校园突发事件，应坚持如下基本原则。

◆ 预防为主的原则

“防患于未然”的观念是中国自古以来就有的。校园突发事件应急管理过程的第一个阶段，就是校园突发事件发生前的预防阶段。与控制突发事件相比较而言，避免突发事件是一种经济而简单的方法。

如果措施得当，很多突发事件所带来的灾害是可以避免或减轻的。这就要求学校平时做好引发突发事件的安全隐患排查和消除工作，制定科学合理的应急管理预案，加强预防和应对工作，把加强师生的安全意识教育当作学校的首要任务。

有了对突发事件在思想上的重视，才会有对突发事件预兆的敏感性，降低突发事件发生的可能性。平时做好应对预案，树立危机意识，加强技能培训，即使发生了突发事件，广大师生也能冷静科学应对，努力把损失控制在最小程度。

◆ 快速反应的原则

校园突发事件往往有着意想不到的破坏性，并且快速扩散，来势凶猛，发展变化往往具有不确定性。因此，时间对于突发事件的应急处置来说是十分重要的。

一旦突发事件发生，必须在最短的时间内果断采取应对措施，迅速控制事态的发展。反应的速度越快，就越主动，对突发事件的处置效果就越明显；否则就会越被动。由于突发事件的发生具有不确定性、破坏性、危害性，因此一旦发生突发事件，要立即按照突发事件应急预案来启动应急机制。

快速反应包括第一时间对突发事件的信息进行采集，对突发事件的快速处置，快速与相关部门进行联络，第一时间救援以及快速响应。只有这样，才能有效减少事件造成的损失。

为了真正做到快速反应，构建能够进行统一指挥、迅速反应、有序协调、高效运作的校园突发事件应急管理机制是非常重要的。

◆ 依法管理的原则

学校进行制度化、法治化的危机管理是世界各国处理学校突发事件的成功经验。学校要提高对依法管理的认识，坚持依法管理的原则，认真学习相关法律法规，并依照有关要求认真做好应急管理工作。

最基本的，就是要按照《学生伤害事故处理办法》《中小学公共安全教育指导纲要》《中小学幼儿园安全管理办法》《中华人民共和国突发事件应对法》《中华人民共和国防震减灾法》《中华人民共和国未成年人保护法》《中小学幼儿园应急疏散演练指南》等相关法律法规及规定，认真负责地做好各种突发事件的预防、应对和处置工作。

学校的选址和校园总体规划

学校是大量师生工作、学习和生活的场所，校内各类建筑繁多密集，一旦遭受破坏性地震影响，如发生建筑物倒塌，很容易造成巨大的人员伤亡。

UDC
中华人民共和国国家标准 GB
P GB 50011-2010
建筑抗震设计规范
Code for seismic design of buildings
（2016年版）
2010-05-31 发布 2010-12-01 实施
中华人民共和国住房和城乡建设部
中华人民共和国国家质量监督检验检疫总局
联合发布

我们对近几次发生的破坏性地震的灾害损失进行研究发现，许多学校建筑发生严重震损或坍塌的破坏现象，主要原因是选址和校园规划不当。

根据《建筑抗震设计规范》（GB 50011—2010）的要求，学校建筑在选择建筑场地时，应根据地质、地形、地貌特点：

◆ 选择稳定基岩，坚硬土，开阔、平坦、密实、均匀的中硬土等抗震有利地段；

◆ 避开软弱土，液化土，条状突出的山嘴，高耸孤立的山丘，陡坡，陡坎，河岸和边坡的边缘，平面分布上成因、岩性、状态明显不均匀的土层（含故河道、疏松的断层破碎带、暗埋的塘浜沟谷和半填半挖的地基），高含水量的可塑黄土，地表存在结构性裂缝等不利地段；

◆ 避开地震时可能发生滑坡、崩塌、地陷、地裂、泥石流等及发展断裂带上可能发生地表位错的部位等危险地段。

为了应对和减轻地震灾害的影响，学校必须编制校园总体规划。在防震减灾方面，至少应特别注意如下问题。

◎ 学校的校园总体规划应按教学区、体育运动区、生活区等不同功能要求合理布局；

◎ 教学用房、图书馆、实验用房应进行合理分区和布置；

◎ 校园内各建筑之间、校内建筑与相邻的校外建筑之间的距离，应符合国家现行的规划、消防、日照等有关规定；

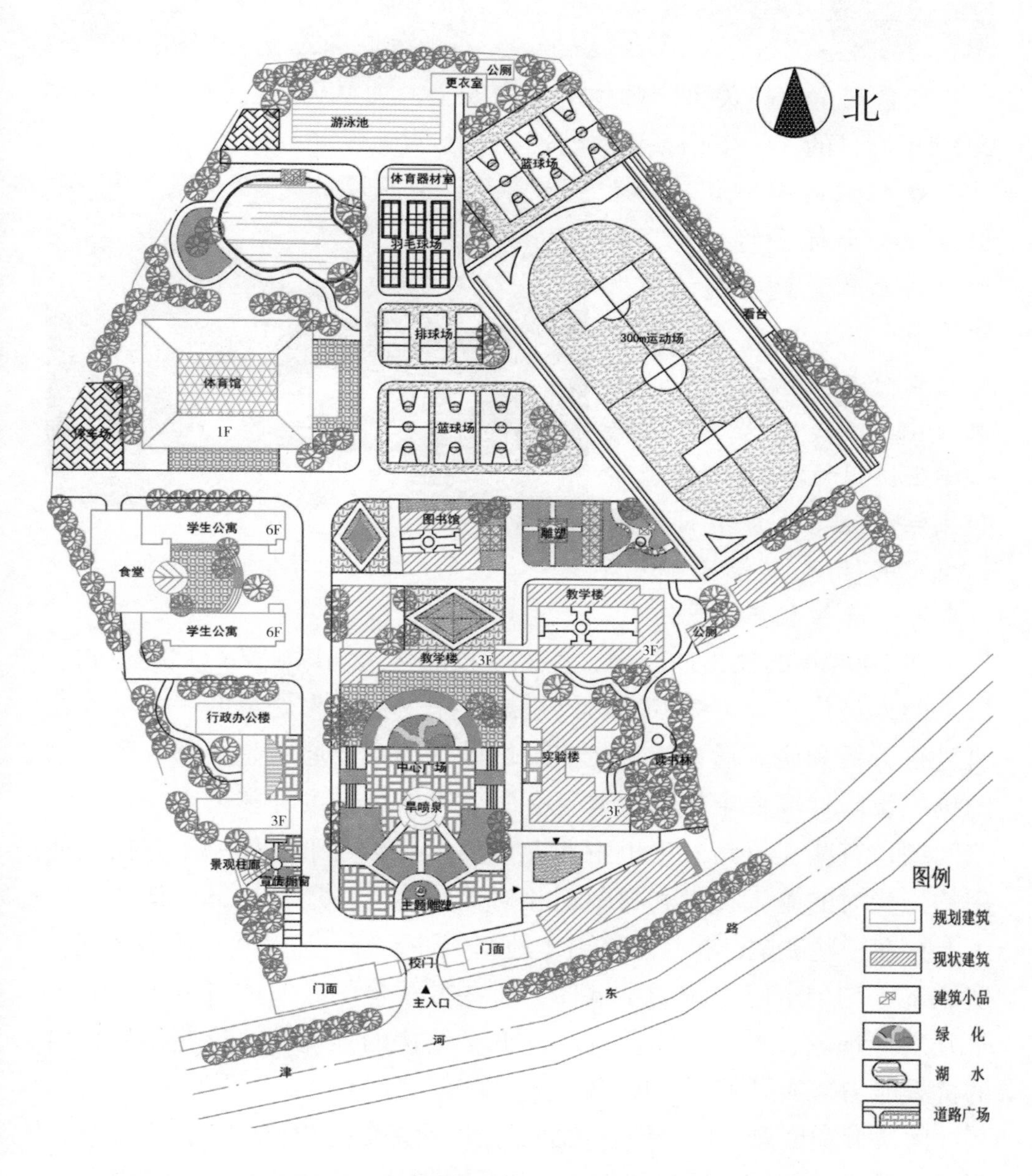

某中学校园详细规划——总平面图（示意图）

教学用房与体育活动场地（主要是草地，可考虑地震应急时作为师生的疏散场所）应有合理的间距。

学校建筑设施的抗震设防和鉴定加固

校舍安全直接关系到师生的生命安全，关系到社会的和谐稳定。2010 年修订的《学生伤害事故处理办法》明确规定：

◆ 学校的举办者应当提供符合安全标准的校舍、场地、其他教育教学设施和生活设施；

◆ 学校的校舍、场地、其他公共设施，以及学校提供给学生使用的学具，教育教学和生活设施、设备不符合国家规定的标准，或者有明显不安全因素的，造成的学生伤害事故，学校应当依法承担相应的责任。

在 2008 年的汶川地震中，许多学校的建筑坍塌破坏严重，造成了惨重的人员伤亡。有关专家对汶川地震中受损较为严重的一些学校建筑进行分析和研究后认为，产生坍塌破坏的主要原因是，部分建筑物的抗震设防标准要求较低，并且有些建筑的抗震设计多多少少存在一些问题；有些建筑是二十世纪八九十年代甚至七十年代完工并投入使用的，当时的施工技术和材料还相对比较落后；还有一部分建筑在施工上存在一些缺陷；有些建筑由于地基条件不好，又未做好地基处理，造成了不均匀沉降，拉裂了墙体；有些教学楼的教室或者卫生间有渗水开裂等现象，没有及时修补，降低了结构的强度等，这些都对建筑的抗震能力造成了不同程度的削弱。

解决此类问题，最直接有效的方法，就是加强建筑物的抗震设计，同时确保施工质量，使建筑物达到当地的基本的抗震设防标准要求：

- 对全校所有的老旧建筑进行抗震性能鉴定和隐患排查；
- 立即对一些抗震不合理或不达标的校内建筑进行抗震加固。

2009 年全国中小学校舍安全工程启动，校舍安全工程的目标是在

全国中小学校开展抗震加固、提高综合防灾能力建设，使学校校舍达到重点设防类抗震设防标准，并符合对山体滑坡、崩塌、泥石流、地面塌陷和洪水、台风、火灾、雷击等灾害的防灾避险安全要求。近年来，很多地区都实施了“中小学校舍抗震加固”“中小学校舍安全建设”“农村校舍改造建设”等工程。在进行这类工作时，一定要认真求实。对现在使用的一些不符合抗震规范要求的建筑，要予以加固，以提高学校建筑的安全稳定性。例如：

- 未设圈梁的砖混结构要补做圈梁和构造柱体系，提高建筑抗震能力；
- 将局部承重墙体做成钢筋混凝土墙体，提高抗震能力；
- 新设部分拥有暗柱和暗梁或钢筋混凝土抗震墙，且与其他抗震构件相连接，加强抗震能力。

学生是防灾减灾科普宣传的重点对象

随着经济的迅速发展和社会财富的快速增长，现在发生的同等强度的自然灾害所造成的损失，将是十几年前的数倍或几十倍。国内外的经验都说明，在日常的防灾减灾宣传中加强常识普及，有防患于未然的作用，可以取得更大的经济效益和社会效益。

在防灾教育方面，很多国家的经验值得我们借鉴。

日本是多地震的国家，各种防灾救灾宣传材料应有尽有，并渗透到了人们的日常生活当中。从幼儿园到高中，有难易程度不同的防灾课外读物；防灾图册总是位于畅销书榜单前几名。防灾救灾宣传材料从海报、展板、招贴画到学生课外读物，家庭指导手册，各式日历、故事书、图文集、小插页，渗透进人们的日常生活。再加上广播、电视、各类实际演习等各种形式，日本国民可通过多种渠道轻松地获取灾害救助知识和信息。

日本的防灾教育几乎是终身性的，在很大程度上可以说“没有死角”，学校、企业、政府机关等一般都要求有应对地震的自救教育与训练，而且以制度形式确定下来。即使在居家生活中，日本人也已经通过教育养成了一些非常好的防震减灾习惯：家里的高柜子都会安装固定装置，书柜和衣柜一般在顶端都有将其固定在墙上的设施；绝对不在床头放重的东西……正是因为有了这些好的习惯，日本人在应对大地震的时候才能表现出普遍的冷静，秩序井然。

2008 年四川汶川 8.0 级地震再次凸显了防震减灾宣传的重要作用。比如，当时四川省 6 个重灾市州建成 10 所省级和 82 所市县级示范学校，并经常开展疏散演练，把防震减灾知识宣传教育作为必修课程。与其他学校相比，这些学校在这次震灾中应急措施得力、处置得当，除 1 所学校外，基本达到零死亡，取得了明显的减灾实效。

开展防灾教育能提高人们应对灾害的能力和技能，有效预防和减少各种人为灾害、衍生灾害的发生，同时能切实提高人们的灾害意识及防灾素养，形成正确的灾害理念，有利于在社会上普及以防灾减灾为目的的灾害文化。

《小学管理规程》《学生伤害事故处理办法》《中小学幼儿园安全管理办法》《中华人民共和国义务教育法》《中小学公共安全教育指导纲要》《中华人民共和国突发事件应对法》《中华人民共和国防震减灾法》等法律法规明确规定：

◆ 学校应当对在校学生进行必要的安全教育和自护自救教育；应当按照规定，建立健全安全制度，采取相应的管理措施，预防和消除教育教学环境中存在的安全隐患。

◆ 当发生伤害事故时，应当及时采取措施救助受伤害学生。

◆ 学校对学生进行安全教育、管理和保护，应当针对学生年龄、认知能力和法律行为能力的不同，采用相应的内容和预防措施。

有关专家指出，在很多学校，当地震等突发事件引起较为严重后果及广泛社会关注的时候，应急教育内容才会侧重于防震减灾教育。比如，2008 年汶川地震后，就出现了地震应急演练热潮。但当事件热度消减，防震减灾教育又会陷入低潮期，“运动式”的防灾减灾教育现象较为明显。

我国防灾减灾工作强调“坚持以防为主”“从注重灾后救助向注重灾前预防转变”，就是要把灾害事件发生之后一时的、被动的、消极的救灾活动，转变为灾害事件发生之前长期的、主动的、积极的、全社会参与的防御行为。而灾害事件发生之前长期的、主动的、积极的、全社会参与的防御行为的养成，则要依靠公众的防灾减灾意识的形成和提高，这就需要进行大量的、深入的、持久的、广泛的防灾减灾的宣传和防灾减灾知识的普及教育。“宁可千日无灾，不可一日不防”，强调的就是这个道理。

着眼于未来，防患于未然。青少年是综合防灾安全教育的重点对象。为即将担负起未来重任的青少年们，开展防震减灾知识的教育和培训，经常进行地震应急演练，使其提高自我保护意识和能力，学会正确的逃生、自救技能，培养其“生存能力”迫在眉睫。

不同学段学生防灾教育的目标

2007年国务院办公厅转发的《中小学公共安全教育指导纲要》要求，开展公共安全教育必须因地制宜，科学规划，做到分阶段、分模块循序渐进地设置具体教育内容。要把不同学段的公共安全教育内容有机地整合起来，统筹安排。不同学段各个模块的具体教学内容，各地可以根据地区和学生的实际情况加以选择。在预防和应对自然灾害方面：

◆ 小学1~3年级的教育内容重点为：了解学校所在地区和生活环境中可能发生的自然灾害及其危险性；学习躲避自然灾害引发危险的简单方法，初步学会在自然灾害发生时的自我保护和求助及逃生的简单技能。

◆ 小学4~6年级的教育内容重点为：了解影响家乡生态环境的常见问题，形成保护自然环境和躲避自然灾害的意识；学会躲避自然灾害引发危险的基本方法；掌握突发自然灾害预警信号级别的含义及相应采取的防范措施。

◆ 初中年级的教育内容重点为：学会冷静应对自然灾害事件，提高在自然灾害事件中自我保护和求助及逃生的基本技能；了解曾经发生在我国的重大自然灾害，认识人类活动与自然灾害之间的关系，增强环境保护意识和生态意识。

◆ 高中年级的教育内容重点为：基本掌握在自然灾害中自救的各种技能，学习紧急救护他人的基本技能；了解有关环境保护的法律法规，结合当地实际情况，为保护和改善自然环境做贡献。

学校应该有熟悉防灾减灾知识的老师，知道怎么合理地在学校推广普及防灾减灾知识，最好能做出一份能让学生初步接受防灾减灾科普知识的教案。依据这份教案，在课堂上用合理的教学方式，让学生们搞清楚学习防灾减灾科普知识和技能的重要性，激发学生们对这方面知识的兴趣。

可以通过讲解、视频、实例等方式，让学生们明白地震灾难是什么，会产生哪些严重后果，如何去应对。

◎ 对于小学生，考虑小学低年级和高年级学生的理解和接受能力差距较大，可以让低年级的小学生重点学习和掌握地震逃生的技能；上四年级的时候，再进一步讲解遇到灾难该怎么做，这样做的原因。可以结合本地发生的地震等灾害实例，讲解相关的防灾减灾知识，引导学生正确认识灾难，对灾难的发生既不盲目乐观，也不消极逃避，而是积极地去面对。同时，还可以在灾难课程中对学生们进行一些浅显易懂的生命教育，让学生们明白生命不仅对于每个人来说是重要的，对于其他生命来说也是如此，从小培养学生对于生命的敬畏和尊重。

◎ 对于初中生，不仅要教给他们单纯的防灾减灾知识，同时还应该开始重视学生们的心理教育。重视教导学生在灾难来临时怎么做，使其采取科学有效的应对方法。可以详细讲解遇到地震灾害时具体如何做，让学生们学会在面临紧急情况时能够用正确的逃生方法成功逃生。同时开始注重培养学生们的独立思考能力、实践应用能力和举一反三的能力。因为地震灾难具有突发性、多变性的特点，运用课堂上讲的知识和技能，按照平时的常规逃生路线，不一定能够安全逃生。最好让学生们学会在面临突发情况时不盲从，不盲目套用所学课程知识，通过自己思考并结合所学开辟一条逃生道路。

◎ 对于高中生，就需要在讲授实用防灾减灾知识和技能的同时，逐步将重点放在心理素质的教育上。用意志教育来提高学生面临灾难时的心理素质，告诉学生面对地震灾难时应该冷静，而不是慌张；应该坚强，而不是退缩；应该去积极面对，而不是消极逃避；不仅要保护自己，还要去帮助他人。

学校领导和教师的专门培训

校园安全关系到广大师生的生命安全，关系到学校的稳定和发展。对于防灾安全教育，首先要增强学校领导的安全意识，明确学校领导的安全责任，使其在思想上重视安全教育工作，不搞形式主义，切实抓好安全教育的检查与落实工作。其次，培养广大师生的安全意识，提高师生的安全防范能力，养成良好的安全行为习惯。

一条重要启示是，要想真正做好学校防灾减灾工作，除了要对学生进行教育培训，一定不可忽视对学校领导和教师的专门培训。

事实证明，突发事件的应对过程中，起决定作用的不仅是技术性因素，还有师生在事件面前表现出来的素质和应急能力。可以通过心理培训、应急知识培训、学习应急预案以及理论联系实践的培训，提高他们的应急管理能力。

班主任、年级主任、德育主任（学生科科长）、后勤工作人员以及宿舍管理员等，都是学生的亲密接触者，他们的应急管理能力十分重要，他们是学校定期开展应急常识培训的优先对象。

对学校的决策者而言，由于突发事件应急处置过程中可供利用的信息和时间等资源非常有限，后果又难以预料，所以校长往往要承受巨大的决策压力，往往会做出有限理性的决策。因此，除了要求校长要有良好的心理素质和准确的直觉判断力外，最有效的方法是加强突发事件应急管理的专门化培训。

要对学校校长和教师进行专门的应急处置的技能培训，还要加强信息沟通，从相关学校的突发事件中学习经验、汲取教训，提高决策的民主化和科学化水平。

只有提高学校决策者、学校各部门的负责人以及教师的应急能力，才能使学校在破坏性地震等突发事件突如其来时，保障突发事件的妥善处理。

学校的基本防震准备

为了有效应对突发地震，尽量减少灾害损失，做好学校的基本防震准备是非常重要的。

◈ 教室内的桌椅与窗户、外墙应保持一定距离，以免外墙塌倒伤人；教室内要留出一定的通道，便于紧急撤离；年小体弱、有残疾的同学，应安排在方便避震或能迅速撤离的方位；地震多发地区，最好能加固课桌、讲台，便于藏身避震；在平时，要定期检查和加固教室的悬挂物；接到政府发布的关于可能发生地震的预报后，门窗玻璃要贴上防震胶带，防止玻璃震碎伤人。

◈ 所有的学生都应该主动熟悉校内和校外环境，比如：紧急疏散场地在哪里？学校的灭火器放在哪里？水源在什么地方？化学实验室、食堂等处有什么危险品？遇到特殊情况向谁报告？附近的医院、诊所在哪里？附近有没有生产危险品的工厂？教室外面有没有高大建筑物或其他危险物？

◈ 一旦突然发生破坏性地震，所有的学生都要知道应该如何立即就近采取科学有效的避震措施，待地震暂时平息后，在教师的统一指挥下，迅速有序地撤离到室外安全地带。

在楼上教室内的同学千万不要跳楼，不要将身体探到窗外，不要到阳台上去，更不要一窝蜂地挤向楼梯，这样可能会产生很多不必要的伤亡。

在操场或室外时，要迅速远离易爆、易燃及有毒气体储存的地域，避险时要远离篮球架、高楼、大烟囱、高压线以及峭壁、陡坡，不要在狭窄的巷子中停留，要尽量在空旷的地方躲避，可原地蹲下，双手保护头部。

◈ 地震发生后，在确认安全并获得老师的允许之前，千万不要返回教室内取东西。

制度化、常态化推进学校日常安全管理

我国应急管理体制的基本方针是统一领导、综合协调、分类管理、分级负责、属地管理为主。结合中华人民共和国教育部发布的《全面推进依法治校实施纲要》与《依法治教实施纲要（2016—2020年）》，以及新形势下积极推进我国应急管理体系和能力现代化的要求，学校应从完善制度着手，加强学校的日常安全管理。

◆ 完善安全管理制度，加强安全过程管理

◎ 根据自己的实际情况，建立安全管理规章制度，构建科学、实用的安全管理制度。常态化推进学校所有的安全管理项目，强化安全工作程序，形成制度化、科学化、常规化的安全管理局势。

◎ 加强学校内部管理，落实安全措施，特别是对校园的安全保卫、巡逻、值班制度的执行。

◎ 及时发现学校内部的安全隐患，对其做好妥善处理工作，防止发生突发事件。

◆ 明确安全管理责任，构建全员管理体系

◎ 明确学校安全管理工作责任人，明确其责任和义务。校长是其学校安全管理的首要责任人，将各部门负责人确定为其部门应急管理工作的责任人，建立安全管理责任制和部门之间协同合作的工作机制。

◎ 教职工作为学校安全管理工作的主体，将安全考核与其切身利益挂钩，将安全考核与个人的评先进、评优秀、职称评定、福利待遇以及奖金等联系起来，最终使每个教职工都能够积极主动承担其安全管理责任和义务。

◆ 制定和完善预案，常态化开展应急演练

◎ 为了确保学校发生破坏性地震时各项应急工作能高效、有序进行，最大限度地减少人员伤亡和财产损失，必须制定学校地震应急预案。

◎ 学校要有自己的应急预案，实现应急演练的常态化，如地震疏散演练、消防演练等。学校可以根据实际情况安排演练时间，不管在

何时何地完成，都要精心组织，模拟突发事件的发生状态，以取得最佳的演练效果。

尽管许多学校有了自己的应急预案，但许多预案都停留在纸上谈兵的阶段，学校师生演练的次数也少得可怜，有的甚至从来没有进行过演练。

有些学校每年都进行针对突发事件的应急演练，可是效果却不理想，这是因为没有实现应急演练的常态化，广大师生并未熟练掌握更多的应急处置技能。应急演练是需要常态化进行的事情，只有不断地增加应急演练的次数，组织师生学习各种突发事件应急知识，应急演练才会有效果。同时要让广大师生明白应急演练是对自己的生命负责，使其在突发事件发生时能够冷静处置，通过自救来保证自己的生命安全。

◈ 应急演练对强化师生自救自护能力和安全防范意识，提高师生的应急处置能力，帮助师生掌握避险逃生常识，保障学校正常的教育教学活动都起着很重要的作用。

加强应急物资装备的管理和维护

发生突发事件时，应急物资是实施紧急救援、安置师生的重要物资保证，因此应急物资的储备，直接关系到对突发事件的反应速度和应急救援的最终成效。为保证学校的应急救援物资装备发挥其应有作用，学校平时要制定相关制度，做好应急救援物资装备的管理和维护。

◆ 明确制度要求

学校应急救援物资装备为应对突发事件而准备，在应急救援救护中具有举足轻重的作用。

◈ 必须保证应急救援物资装备日常完备有效，不得随意使用或挪作他用。

◈ 对现有的学校应急救援物资装备，要定人、定点、定期管理。明确应急救援器材箱钥匙保管人和存放位置，不得随意挪动，保证在突发事件发生时应急救援器材箱可以顺利开启。

◈ 救援物资装备责任人应按规定，定期对物资装备进行检查、维护、清洁擦拭，及时更新超过有效期或状态不良的物资装备，补充缺失的物资装备。如发现较为严重的问题时，应及时上报，并将检查、维护、清洁情况记录在案。

◈ 加强对特定岗位教职工的培训教育，使负有责任的教职工掌握应急救援物资装备的正确使用和维护保养方法，确保应急救援物资装备在日常情况下的完备有效。

◆ 制定库管安全制度

救援物资装备库管人员担负着库区防火、防盗、防破坏的重任。

◈ 库房要实行防火责任制，严禁烟火，各个防火标志要悬挂在醒目位置。

◈ 库区要配齐各种消防设施、器具并定期检查、维修，保持完好。

◈ 库区根据季节做好防雷电、防洪、防风、防冻措施，消除各种自然灾害和事故。要有专人负责，要按规程操作，经常检查维修，风雨天要加强巡查，防止电器事故发生。

◈ 保管员离开库房时要做到人走、窗关、灯闭、门落锁。

◆ 坚持定期维护制度

◈ 定期对备用电源进行充放电试验，进行主电源和备用电源自动转换试验，检查其功能是否正常。看是否自动转换，再检查一下备用电源是否正常充电。

◈ 保障消火栓箱及箱内配装的消防部件的外观无破损、涂层无脱落，箱门玻璃完好无缺。消火栓、供水阀门及消防卷盘等所有转动部位，应定期加注润滑油。

◆ 坚持定期检查制度

◈ 每周应对灭火器进行检查，确保其始终处于完好状态。

检查灭火器铅封是否完好。灭火器开启后即使喷出不多，也必须按规定要求再充装。充装后应做密封试验并牢固铅封。

检查压力表指针是否在绿色区域，如指针在红色区域，应查明原因，检修后重新灌装。

检查可见部位防腐层的完好程度，轻度脱落的应及时补好，明显腐蚀的应送消防专业维修部门进行耐压试验，合格者再进行防腐处理。

检查灭火器可见零件是否完整，有无变形、松动、锈蚀（如压杆）和损坏，装配是否合理。

检查喷嘴是否通畅，如有堵塞，应及时疏通。

◈ 每半年应对灭火器的重量和压力进行一次彻底检查，并应及时充填。对干粉灭火器，每年检查一次出粉管、进气管、喷管、喷嘴和喷枪等部分有无干粉堵塞，出粉管防潮堵、膜是否破裂，筒体内干粉是否结块。

◈ 一般每 5 年应对灭火器进行一次水压试验。化学泡沫灭火器充装灭火剂两年后，每年一次。要经常检查灭火器放置环境及放置位置是否符合设计要求，灭火器的保护措施是否正常。

建立和保存学校防灾减灾档案

学校防灾减灾档案是随着学校防灾减灾工作的持续深入开展而逐渐形成的一种档案类型，属于专门或专题档案范畴。其直接记录和反映学校防灾减灾工作的全过程，蕴藏着学校防灾减灾活动丰富的实践成果和实践经验，是学校防灾减灾工作可持续发展的宝贵财富，也是提升今后防灾减灾工作的重要信息资源。

◇ 学校防灾减灾档案应包括以下几项：

◈ 学校基本情况档案，包括教职工和学生人数，教学楼、实验楼等各种建筑的基本情况，特殊人群情况；

◈ 防灾减灾工作档案，包括地震应急组织机构档案、应急准备档案、应急演练档案、设备设施档案、宣传培训档案，等等。

◇ 学校防灾减灾档案应由专人负责，对学校开展防灾减灾各项工作所形成的纸质材料、声像资料、电子材料等，及时进行收集、整理、归类、入卷，建立健全学校档案目录。

◇ 学校应制作防灾减灾工作日志。根据全年的防灾减灾工作计划，详细记录每日的工作内容、计划完成情况、效果评价、改进措施等内容，应当将宣传、培训、演练、检查评估等防灾减灾活动中产生的文字、照片、音频、视频等资料详细分类归档。

◇ 在网络化和数字化日益普及的今天，在学校防灾减灾档案工作中，应加大力度推进档案信息化建设，做到分类有序、类目清晰、工具齐全、查阅便捷，逐步实现学校防灾减灾档案存储数字化、管理自动化、利用网络化，使学校防灾减灾档案资料在建设防灾减灾科普示范学校工作中发挥更积极的作用。

◇ 对于学校的防灾减灾档案，应设立专用档案柜存放，并做好防虫、防潮工作，确保档案管理的健康有序和规范化。

二、学校地震应急预案编制

编制操作性强的校园突发事件应急预案

应急预案是针对可能的突发事件，为保证迅速、有序、有效地开展应急与救援行动，降低事故损失而预先制定的有关计划或者方案。它是在辨识和评估潜在重大危险、事故类型，发生的可能性及发生过程，事故后果及影响严重程度的基础上，对应急机构的职责、人员、技术、装备、设施、物质、救援行动及其指挥与协调等方面预先做出的具体安排。

制定预案，实质上是把非常态事件中的隐性的常态因素显性化，也就是对历史经验中带有规律性的做法进行总结、概括和提炼，形成有约束力的制度性条文。启动和执行预案，就是将制度化的内在规定性转为实践中的外化的确定性。

为有效预防和妥善处理包括破坏性地震在内的校园突发事件，提高学校对突发事件的应急能力，确保学校教育教学以及生活秩序正常有序进行，维护学校和社会的稳定，制定相应的突发事件应急预案是中小学必须完成的工作。

学校地震应急预案是在对本校区及周边环境的地震灾害风险进行充分预评估的基础上，为应对突发地震可能造成的灾害，以人为核心，以任务为中心，以急缓为时序，以现有应急资源为基础，而预先制定的任务、组织、响应、处置、保障和准备等行动方案。

应急预案在应急管理工作中是至关重要的一环，只有重视应急预案的管理工作，才能够推动应急管理工作的顺利展开。2003 年“非典”事件，尤其是 2008 年汶川地震后，多数学校都编制了相应的应急预案。但是从整体情况上来看，应急预案的编制水平还不高，实操性还不强，主要表现在如下几个方面。

◆ 危机意识不强，对预案的重视不够

◎ 尽管基层政府及其所属部门为应对突发事件都制定了各种类型的应急预案，但是很多预案仍旧停留在口头和书面层面，一些单位和部门没有把应急预案的建设当作日常工作，缺乏危机意识，对可能发生的危机事件抱有侥幸心理，对应急管理工作认识不足。

◎ 基层工作人员的应急管理理念落后，抱有“重救援、轻预防”的想法，将重点放在事后的救援和应急处置上，而没有把重心放在事前的预防上。

◎ 管理模式也是传统的单一的、局部的管理思路，没有形成整体的、系统的全局观念，这不利于应急管理工作的联动开展。

◆ 内容过于简单、粗略

◎ 很多学校的应急预案只是一般的管理制度，预案的核心要素和应急程序制定得不够详细。

◎ 不仅没有对灾害风险进行必要的评估，在考虑应对地震等突发事件时，应急的办法和措施也不够具体，责任分工不够明确。

◎ 满足不了应急活动的需求。

◎ 相关部门在应急指挥时缺乏相互协调，这就会造成在处理突发事件时各部门职责不清、指挥不力、操作混乱的局面。

◆ 应急预案的可执行性较差

◎ 很多学校只是编制了应急预案的大致框架结构，并没有结合自身实际情况，也没有根据不同的突发事件制定不同的应急措施。比如，应对地震和火灾，有不同的特点和要求。

◎ 一旦灾害突发，用同一套预案很难有效应对。有的虽然根据不同的突发事件制定了不同的应急措施，但只是为了完成上级指示要求，应付检查。

◎ 在预案的编制过程中，存在生搬硬套、内容雷同的现象，下级直接照抄上级的预案，或者同级之间互相照抄，没有结合自身特点进行编制，预案没有实质性的内容，导致预案空有数量，却无法在突发事件真正发生时起到作用。

如某所学校制定了《安全工作应急预案》《校园安全应急预案》《学

校突发事件应急预案》《突发公共卫生事件应急预案》《地震应急预案》《各种地质灾害应急预案》《防汛工作应急预案》《消防安全应急预案》《交通安全应急预案》《楼道安全应急预案》《教学安全应急预案》等等。但这些预案往往从网上下载，照抄照搬，不考虑学校的具体情况，内容空洞、条理杂乱、要求不明。就是制定预案的人，过一段时间后对预案的内容也不甚清楚，更不用说其他老师和学生了。这样的预案没有任何实用性和可操作性。

◆ 应急预案缺乏必要的演练和评估

◎ 很多学校虽制定了地震应急预案文本，但并没有在工作实践中得以有效执行，而是把应急预案存放在档案柜中，更别谈对应急预案进行评估和修订完善了。

◎ 有些学校制定的应急预案，从未就此对学校师生进行培训和演练，沦为一纸空文。

◆ 应急预案更新、修订不及时

◎ 应急预案编制是一个不断持续的过程。

◎ 预案在公布、实施之后，要根据不断变化的情况和经受突发事件、演练的检验后经常修订。

◎《中华人民共和国突发事件应对法》规定，应急预案制定机关要根据实际情况随时做出改变，及时更新、修订应急预案。

学校地震应急预案应具备的基本特点

一般地说，学校的地震应急预案应具备如下基本特点。

◆ 预见性

地震应急预案应当具有预见性。针对可能会发生的破坏性地震突发事件，要尽可能地预见事件发生的大致情形，事件会影响多大的范围，会造成多大的生命伤亡和财产损失，应该如何进行应对措施的准备工作，这些都需要在地震应急预案中给出详细的方案和流程。

◆ 科学性

地震应急预案的制定要建立在科学的研究基础之上。预案在制定之前，要充分参考相关资料，认真接受地震、应急管理等部门专家的指导，广泛征求全方位的意见，在整合意见之后，形成指导性计划，确保预案具有科学指导的规范作用。

◆ 程序性

地震应急预案的启动条件、先期处置、应急响应、应急结束、善后处理、恢复重建等应对破坏性地震事件的不同阶段，都要有程序上的规定。

◆ 可操作性

是否具有可操作性，是地震应急预案能否发挥作用的关键，也是学校预案编制必须突出的关键点。

预案的内容要贴近学校生活场景和实际，针对本地区及本校易发生和师生群体联系紧密的突发事件场景，设计具体的处置方案。应急预案应具备清晰的职责和任务分配，突发事件应对流程简明实用，以使得各类人群都能明确紧急状态下自身的职责及应对措施。

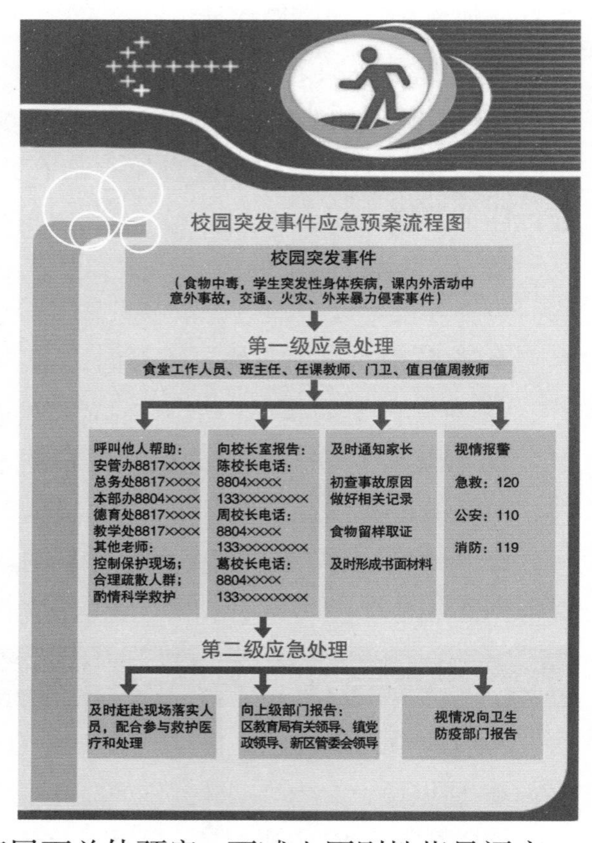

在编制学校地震应急预案时，行文方式不能仿效国家层面总体预案，要减少原则性指导语言，加强可操作性的具体的描述。

在编制和实施应急预案时，根据情况需要而补充的处置方案，要对其进行比较和分析，选择最贴合实际的优化方案。

处置方案在编制中可以省略预案的部分框架结构，比如指导思想、原则等内容，重在权责组织、信息通报、应急处置、应急保障的程序，

增强对应急处置的可操作性。

◆ 差异性

各学校所处地理位置、学校人员构成特点、学校基础设施建设状况等的不同，使得各学校面临的风险类别有所不同。不同特征学校的应急预案，应体现出差异性。

在编制学校地震应急预案的时候，一定要特别注意结合本地和本校的特点，而不能简单地借鉴甚至照抄其他学校的预案。

编制学校地震应急预案的一般过程

相比较而言，发达国家的学校突发事件应急预案制度比较完善，而其中比较完善且有特色的是美国。美国的公共安全管理制度是世界公认的楷模，各类学校在应急管理和应急预案的编制方面，有着非常成熟的经验。

我们在编制学校地震应急预案时，可参考借鉴美国校园应急预案的编制过程和主要做法。美国校园应急预案的编制，讲究实用性和灵活性，紧紧结合区域实际情况进行编制，如下图所示。

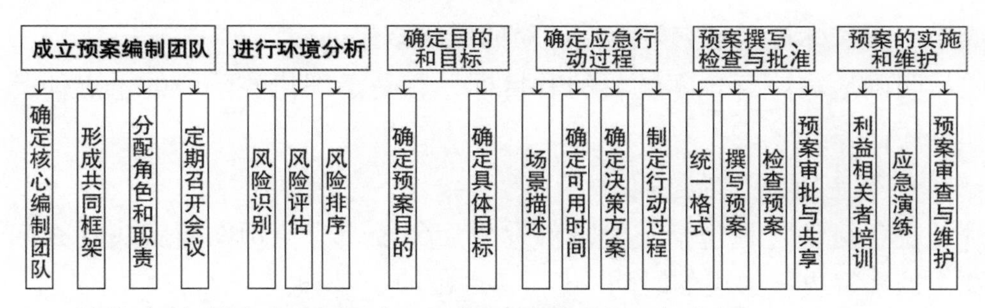

学校在编制应急预案时，一般采取如下六个步骤。

◆ 成立预案编制团队

预案的编制，需要先组建成立编制团队。团队的规模保持适中，并且定期召开会议，促进信息共享以及明确职责分工。

团队的人员不仅包括学校管理人员，也包括学校所在社区的民众、社会机构和企事业单位、学生及其家长等，建立突发事件应急准备的“全社区”理念和社会联动机制。

校园作为社会系统的重要组成部分，其安全问题从来都不是简单的教育系统问题，而是各类社会问题在校园的投射，校园应急管理也需要各方的协助。应急预案编制作为校园应急管理的基础环节，编制主体除了学校管理人员、教师、学生以外，也需吸纳社会各界力量，包括当地应急管理机构、公安部门、消防部门、学生家长、社区及企业。这些力量的加入，一方面可以使应急预案的编制更具科学性和完备性，另一方面也可加强彼此之间的沟通与协作，完善校园应急管理的社会联动机制。

◆ 进行环境分析，对学校面临的风险进行识别和评估

风险评估的信息，一方面来源于预案编制团队成员间的信息分享，另一方面来自实际调研及应急管理部门、公安部门、消防部门等各级社会机构的突发事件数据库。

值得注意的是，我国部分学校在编制地震应急预案的时候，已经开始有了进行风险评估的专项工作。

◆ 确定目的和目标

目的和目标是两个不同的概念。目的规定的是突发事件的阶段性成果，而目标规定了突发事件应对的最终结果。

明确地震应急预案的目的和目标，有利于细化各阶段的重点任务和总体任务。

◆ 确定应急行动过程

应急行动过程包括突发事件发生后，校园应急预案要解决什么问题，谁来解决，解决的时间、地点和原因等。

要回答这些问题，需要进行突发事件场景构建，制定基于不同情景分析的应对方案。

当前并没有一套通用的情景分析方法。使用较为频繁的情景分析方法，包括：

◎ 历史事件情景法，即以过去曾经发生的突发事件为基础进行场景构建；

◎ 典型情景方法，是对突发事件系统中一个或多个系统构成要素

的变化进行情景模拟；

◎ 极端情景方法，依据突发事件差异化的严重程度（最糟糕结果、最理想结果、最可能发生的情况）来进行场景设置；

◎ 时间轴线法，即将突发事件分解为若干阶段，严格按照时间顺序确定处置措施，连贯性较强。

对于不同类型的校园突发事件，可有选择性地选择不同的情景分析方法。对于破坏性地震来说，我们建议采用历史事件情景法或极端情景方法，来考虑相应的应对方案。

◆ 预案的撰写、检查与批准

这需要统一预案的格式，并多采用图表及简洁化语言进行撰写。在预案通过审查及审批后，要发放给相关责任人。

◆ 预案的实施和维护

在预案编写完成后，需要通过应急演练、举行会议、组织参观疏散地点等方式，对相关责任人进行预案的培训，以便大家熟悉有效逃生路线、社区合作机构构成、事后集合地点等。

在培训和演练中发现的问题，需要在预案中进行修订。预案的编制是一个具有持续性和动态性的循环过程。

学校地震应急预案的主要结构和内容

学校地震应急预案应做到要素完整、职责明确、程序清晰、措施得当，与当地政府和教育主管部门的突发公共安全事件总体应急预案紧密衔接。

根据学校灾害风险点的实际情况、防灾能力以及应急物资配置状态，有针对性地确定可行的应急行动规程，达到地震发生后，能指导师生安全躲避，迅速开展自救互救，妥善安置师生，减少地震灾害损失，稳定社会秩序的目的。一般情况下，我们对学校地震应急预案的主要结构和内容建议如下。

◆ 总则

首先可以对预案基本信息和相关背景进行介绍。明确为开展本校现有条件下的地震应急，高效有序地组织指挥、协调和救灾工作，达到减灾的目的。主要内容包括：

- 编制目的；
- 编制原则；
- 适用范围及应急管理工作原则等。

◆ 区域和学校概况

学校及所在区域的地理环境、人口分布、资源配置、生命线设施等基本情况。主要内容包括：

- 学校建（构）筑物的抗震能力；
- 生命线工程的抗震能力；
- 次生灾害源分布及控制能力的简述。

◆ 组织指挥体系及职责

明确应急组织形式以及构成单位或人员职责。主要内容包括：

- 明确应急救援指挥机构总指挥、副总指挥、各成员单位及其相关职责；
- 根据地震应急工作的需要，可以设置相应的应急救援工作小组，并明确各小组的工作任务及职责；
- 现场指挥位置的确定；
- 学校的预案还要努力实现与社区应急联动，明确突发事件应对各方的职责与分工，重点明确学校师生突发事件应对能力建设与义务要求。

◆ 隐患排查与风险评估

开展校园安全隐患排查，有效预防各类突发事件。主要内容包括：

- 校园风险评估，受地震影响评估，可能出现的灾害现象；
- 接到预警信息后的应对机制的建立；

◈ 风险分级分类等。

◆ 应急响应

快速、高效、高质量地应对突发事件。主要内容包括：

◈ 应急预案启动条件；

◈ 人员疏散与避难；

◈ 突发事件信息的采集、上报与公布；

◈ 通信设施的维护；

◈ 应急指挥与协调；

◈ 与家长、媒体的信息沟通；

◈ 应急终止等。

在应急响应中，必须明确响应的分级、响应的程序和应急结束的条件。

◈ 针对地震的震级和危害程度、影响范围以及本学校控制事态的能力，可将地震事件分为不同的等级；

◈ 根据事件的不同等级，按照分级负责的原则，明确应急响应级别；

◈ 根据事件的大小和发展态势，明确应急指挥、应急行动、资源调配、应急避险、扩大应急等响应程序。

一般而言，在学校受地震波及影响时，应当立即启动应急预案。

◆ 后期处置

恢复正常教学学习秩序，消除或减少突发事件不良影响。主要内容包括：

◈ 学生心理急救；

◈ 教学场所的重新选择或恢复重建；

◈ 事件原因调查及应对评估；

◈ 信息公开与发布。

这部分，还可以规定应急救援能力评估及应急预案的修订等内容。

◆ 应急保障

明确突发事件应对可用的人力与物力资源。主要内容包括：

◈ 学校基础设施状况；

◈ 应急通道及场所配置状况；

◈ 学校及所在地区应急经费状况；

◈ 学校师生应急能力状况；

◈ 医疗卫生、交通运输、通信、物资装备等保障状况；

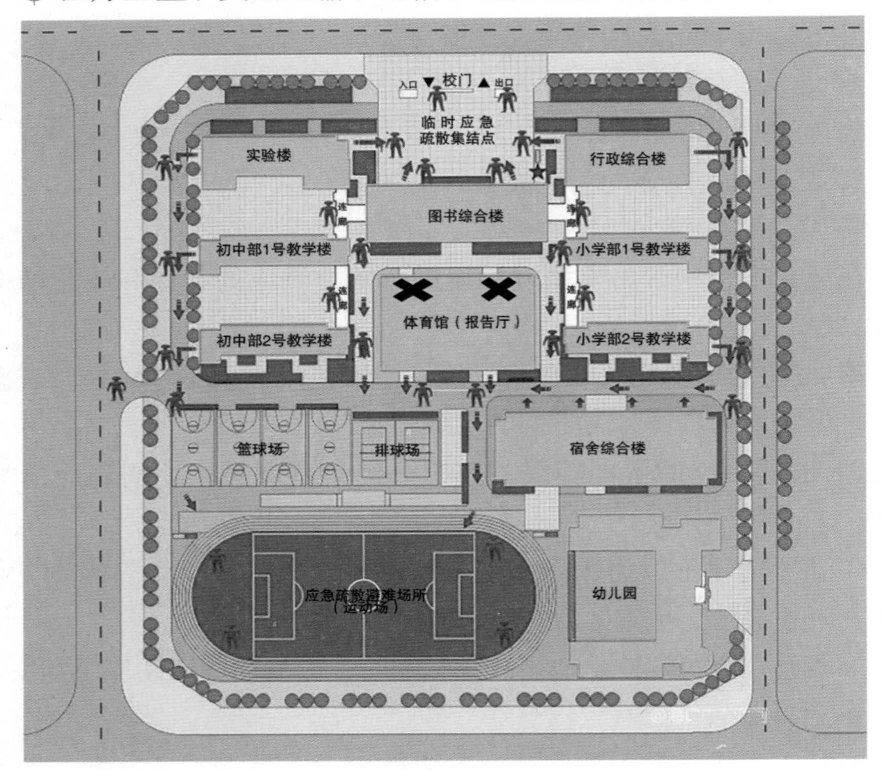

◈ 可能得到的救援力量及物资来源等。

◆ 相关附件

预案相关问题的补充说明和附图。主要内容可包括：

◈ 名词术语解释；

◈ 应急组织指挥机构通信方式；

◈ 预案演练方案；

◈ 风险点位置图；

◈ 各类逃生路线图；

◎ 应急资源一览表等；

◎ 学校总体平面布局图（标明安全区、缓冲区和危险区，以及疏散通道和避难场所、现场指挥部的位置，现场医疗和应急物资供应点，清晰标明各个建筑物内人员疏散的路线图及各关键位置疏散员的人员配置）。

学校及周边地震灾害风险和应急资源评估

制定学校地震应急预案时，必须首先了解本地区、本校的区域特点，对风险隐患进行分析排查，以提高预案的针对性和实操性。风险分析，可以增强对动态变化的预测，降低突发事件的不确定性和突变性带来的危害。风险评估分析，是应急预案编制的基础。风险评估分析结果，是进行应急处置、应急保障、联动协调等各个环节的基础。

为了编制科学合理的学校地震应急预案，首先需要对可能发生的地震灾害、可利用的校内外资源以及不同情况下的应急需求做出预测评估，以便有的放矢，尽可能提出切实可行的解决、弥补方案。

◆ 地震灾害预评估

地震灾害预评估是科学编制学校地震应急预案，有针对性地进行地震应急准备和精准实施地震应急救援的一项重要的基础性工作，应予以高度重视。

◎ 学校应组织专业力量对学校的地震灾害风险进行充分评估，特别是 6 级以上地震作用下学校可能的地震灾害情景。可以对 6 级、7 级和 8 级地震各级档的灾害分别做出评估。通常情况下，应请地震、住建等部门的专业人员帮助。

◎ 可结合国家标准《中国地震动参数区划图》（GB 18306—2015），对校区及周边的地震灾害风险做出预测评估，包括地形地貌和场地条件，是否存在活动断层、山体滑坡、岩石崩塌、泥石流、砂土液化、地面沉陷等灾害隐患；是否存在火灾、水灾、危化品泄漏等灾害隐患；建筑物内外的悬挂物、装饰物等是否存在灾害隐患，等等。

◎ 要对教室、宿舍、食堂、实验室、室内体育场馆、办公室、库房、围墙、大门等不同建筑物的地震灾害风险进行重点预测评估。

在地震灾害风险评估的基础上，要对校园存在的高危风险，即潜在地震安全隐患进行整改。

◆ 对学校可利用的地震应急资源进行评估

对学校及其周边的地震应急资源进行充分评估，建立应急联动机制。

◎ 评估学校现有应急队伍、避难场所、紧急救援救助物资、技术装备（地震预警信息接收终端、应急通信、应急电源）等情况。

◎ 对邻近的医院、军队、公安消防、避难场所等学校周边的应急资源进行评估，以便在重特大地震灾害事件发生后，第一时间请求支援。

◆ 对破坏性地震发生后学校的应急需求进行预测评估

根据学校的学生人数，结合建筑情况，评估特别重大、重大地震灾害事件发生后，学校急需的专业救援队伍规模和食品、水、帐篷等救灾物资清单。

地震灾害预评估专项成果，应充分体现在学校地震应急预案编制和演练方案的设计中，如根据地震灾害风险，划分出学校的安全区和风险防控区，进而科学设计应急避险安全撤离路线、各年级和班级震后紧急避险和临时安置区域，防控和消除学校地震风险的措施及责任部门，需要外部应急资源援助的事项等等。

学校地震应急预案的实操性

我国从 2003 年战胜“非典”后开始推进应急预案编制工作，取得了显著成效。预案数量大幅增长，质量逐步提高，结构不断优化，管理普遍加强，在加强应急准备、有效应对突发事件中发挥了不可替代

的作用。但总体上来看，也存在针对性、实用性、可操作性不强和培训不足、演练不够等问题。这是我国预案的总体情况，也是学校地震应急预案需要下大力气解决的问题。为了增强预案的实操性，我们认为可以着重从如下几个方面去努力。

◆ 明确定位

不同的地震应急预案，在定位上应有所区别、有所侧重。

◈ 总体应急预案，定位于应急预案的总纲，强调其政策性和指导性，对突发事件应对的各个阶段，特别是预防和应急准备阶段的建设和管理提出明确要求；

◈ 包括学校预案在内的专项预案和部门预案，则应定位于立足现有资源的应对方案，以是否管用为标准。比如，学校地震应急预案，应强调一旦发生破坏性地震，该做什么、谁来做、怎么做、何时做、用什么资源做等具体应对措施，突出预案的目的和作用。

◆ 按照规范程序编制应急预案

为了确保程序规范，应着重强化如下三个环节。

◈ 建立应急预案的规划制度。制定学校地震应急预案时，要加强与所在区县、街道和教育部门有关预案的衔接与配套，形成完整的预案体系。

◈ 将风险评估和应急资源调查作为预案编制的基本前提。针对地震事件特点，识别事件的危害因素，分析事件可能产生的直接后果以及次生、衍生后果，评估各种后果的危害程度，提出控制风险、治理隐患的措施。开展全面调查，调查本校和周边第一时间可调用的应急队伍、装备、物资等应急资源状况和合作区域内可请求援助的应急资源状况，为制定应急响应措施提供依据。

◈ 争取预案编制工作的多方参与。组建成立预案编制小组，吸收应急预案涉及的主要部门和单位相关业务人员参加，并广泛听取有关部门、单位、地方和专家的意见。动员尽可能多的教师（有条件的学校，也可请学生和家长参加）参与预案制订和完善工作，使编制预案的过程，成为排查安全隐患、普及应急知识、凝聚各方力量的过程。

◆ 加大应急预案的演练力度

实践是检验应急预案是否有用、管用、实用的最好办法。破坏性地震的发生是小概率事件，因此我们要把应急演练作为检验应急预案可行性、应急准备全面性的重要方式，重视应急演练的实施。

◈ 制定常态化的演练计划，经常开展应急预案的演练，将应急预案落到实处，从实战中获取经验，以弥补学校应急预案普遍存在的“假大空”状况。

◈ 加大安全演练力度，形成常态化的安全管理理念，不仅可以避免预案的“假大空”，提高学生应急应变、自救自护和安全撤离的能力，还可以从侧面验证现有应急预案的逻辑性与科学性，在演练中发现文本制定上的问题，并对其进行修正，从而提高应急预案实施过程中的实用性，以达到检验预案、磨合机制、培训和教育师生的目的。

◆ 加大地震应急预案的宣传力度

预案在编制完成后，需要进行宣传和教育工作，只有让预案的流程深入人心，才能在突发事件发生时积极地进行自救和互救工作。加大地震应急预案的宣传力度，能够强化师生的防范、自救等安全意识，有利于应急预案的有效实施。

◈ 拓宽安全信息的宣传渠道，在以“学校官网、安全教育讲座、宣传栏和新生手册”这四个途径为主的基础上，可以开展知识竞赛等形式多样的活动，以此提高师生参与应急知识学习的积极性，以便更全面地普及突发性事件的安全知识。

◈ 加大对年级组、党团等机构或组织开展安全教育活动的监管力度，督促各单位、部门推进并落实应急知识的宣传工作，提高师生对应急预案的了解程度。

◈ 做好应急预案相关信息及时公布的工作，使师生能够及时知晓应急预案的更新、实施情况，以保证应对突发事件时应急预案的顺利实施。

三、学校地震应急演练的目的和原则

应急演练的定义、分类

应急演练，也就是突发事件应急演练，最早起源于军事演习(练)。演习的原意是针对假想敌人所进行的作战指挥和演练，属于军事训练的高级阶段，而后逐渐被推广到经济、政治、社会等各个领域。

◆《突发事件应急演练指南》中对应急演练进行了定义，认为应急演练是以各级政府、相关部门、企事业单位和社会组织为主体，根据应急预案的要求，在模拟突发事件情景下进行应急响应的活动。

◆ 对于学校来说，应急演练就是指针对地震等假设突发事件，学校师生和其他员工执行实际紧急事态下各自职责和任务的排练活动。它是测试及提高应对各种突发事件和灾害管理水平的有效手段；是在无风险的环境下，用以检验、评估和提高应急防范、预警、处置和恢复能力的有效工具。

◆ 根据中国地震局2011年发布的《地震应急演练指南》，地震应急演练按组织单位划分，可分为政府演练、部门演练、企事业单位演练、基层组织演练；按演练形式划分，可分为桌面演练和实战演练；按演练内容划分，可分为单项演练和综合演练；按演练目的与作用划分，可分为检验性演练、示范性演练和研究性演练。

将不同形式、不同内容、不同目的与作用的演练相互组合，可以形成不同单位组织的单项桌面演练、综合桌面演练、单项实战演练、综合实战演练、示范性单项演练、示范性综合演练等。

演练类型的选择，应与区域内突发事件应急管理的需求和资源条件相适应，因地制宜地选择适合的演练类型，开展演练活动。演练类型，主要取决于演练目标。为了更好地满足演练目标，完全不必拘泥于现有的演练类型，可根据需要在同一次演练活动中采用不同的演练类型。

◎ 地震往往具备突发性强、预报及预警难度大、影响范围广、人员伤亡重、救援时间长等特点，震后应急救援涉及灾害评估、紧急救援、人员疏散、物资调配等多项工作。因此，地震应急演练具有综合性。对于学校来说，正式的演练，适合以综合演练的模式开展。

◎ 当然，除了全校性的综合演练，学校应急演练也可采用其他多种形式，如年级演练、班级演练和桌面演练、避险演练、紧急撤离演练、自救互救演练、震后紧急安置演练等。可因地制宜、因时制宜地组织开展演练活动，如在课间操、早读、课间、晚自习等时段，可以进行一些无脚本和事先不打招呼的应急演练，突出地震事件的“突发性”应对特点。

应急演练的目的

应急管理是一个动态的循环，包括预防、准备、响应和恢复四个阶段。

其中，准备是针对突发事件，为迅速、有序地开展应急行动而预先进行的组织准备和应急保障，主要工作内容为：预案编制、应急培训和应急演练。

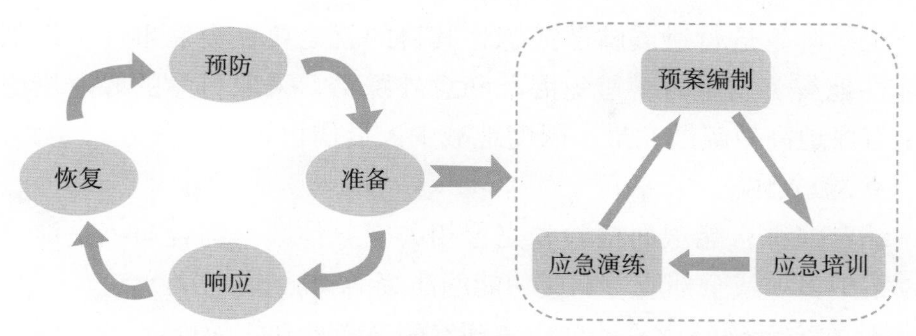

预案是突发事件防范与处置的行动方案，在预案编制完成后需要对预案要求的行动人员进行应急培训和教育，以期掌握应急响应的流程和必要的应急措施，提高应急行动能力。

为了检验应急行动能力和预案的可行性，则需要组织应急演练，通过应急演练发现预案问题，进而不断完善预案，形成新的预案。因此，应急演练是应急准备工作的重要一环。通过应急演练，我们可以有效检验和完善预案，提高应急行动的能力。

具体地说，应急演练的目的主要包括如下几个方面。

◆ 锻炼队伍

通过应急演练的开展，增强演练组织单位、参与单位和人员等对应急预案的熟悉程度，进一步明确各自的岗位职责，提高他们的应急处置能力和技术水平。

近几十年来，日本曾发生过两次类似的强烈地震：

◎ 第一次是在1995年发生的7.3级阪神大地震，造成6432人死亡，大量人员受伤，被称作是除原子弹袭击以外，日本20世纪遭遇的最大灾难；

◎ 第二次是在2004年发生的6.8级新潟地震，造成38人死亡，伤亡人数不及前者的1%。

虽然两者发生时间相隔不到十年，日本建筑物抗震性能与地震预警系统整体上并没有发生太大变化，而且两次地震对地表与建筑物的破坏力基本相当，但造成的后果相差极大。究其原因，主要在于1995年阪神大地震后，日本实施的“成功的防灾教育和防灾训练”。

组织师生进行避震疏散演练，其目的就是要在突发事件（特别是破坏性地震）发生时，避免混乱和意外踩踏，采取科学的躲避措施，安全有序地高效疏散，最大限度地减少人员伤亡。

◆ 检验预案

综合演练，能全面检验和完善相关应急预案。综合演练是涉及应急预案中多项或全部应急响应功能的演练活动。

- 在实际演练中，验证应急预案的科学性和实效性；
- 只有通过演练，才能真正发现应急预案中存在的问题；
- 对需要改进的部分，及时修改完善，以提高应急预案的实用性和可操作性。

例如，某学校组织地震应急疏散演练。在演练过程中组织学生安全撤离时，发生了楼梯拥堵，无法快速组织学生疏散的情况。

针对这个问题，学校对预案进行了修订，原先预案中的“组织学生有序撤离”改成了“×× 班从中间的楼梯下，×× 班从外面的楼梯下”，还对“撤离的先后时间”进行了调整，从而保证了在应对地震等突发事件发生时，学生能够快速有序撤离。

◆ 完善准备

通过开展应急演练，检查应对突发事件所需的应急队伍、物资、装备、技术等方面的准备情况，发现不足及时予以调整补充，做好应急准备工作。

◆ 磨合机制

通过开展应急演练，进一步明确相关单位和人员的职责任务，理顺工作关系，完善应急机制。

◆ 科普宣教

综合演练，往往规模大、情景逼真，给参演人员和观摩群众带来身临其境的感受，由此在内心中产生对灾害的重视。

有些综合演练，往往将示范性宣传介绍融入演练中，包括播放宣传片，由专业人员介绍如何使用救生器材等，扩大人员的参与度，形成了全校学习应急知识的良好氛围。

开展应急演练，普及应急知识，培育防灾减灾文化，可使风险防范和自救互救成为一种习惯，成为生存与发展的组成部分，也可以增强人们应对地震等突发事件的应急意识和救援信心，提高人们风险防范意识和自救互救等灾害应对能力。

应急演练实施的工作原则

学校进行应急演练的根本目的和要求，就是突然发生破坏性地震等紧急情况时，所有的在校师生和员工，都能有序、迅速地得到安全疏散，确保人身安全。为此，一定要注意把握如下工作原则。

◆ 精心组织，确保安全

围绕演练目的，灵活安排演练时间，尽量避开雨雪等恶劣天气。精心策划演练内容，科学设计演练方案，周密组织演练活动，制订并严格遵守有关安全措施，确保演练参与人员及演练装备设施的安全。在保证安全的前提下，通过科学、合理的组织，保证疏散演练既安全有序，又有效快速。

◎ 牢固树立“安全第一”的思想。应急演练活动时间短，人员集中，易发生踩踏事故。因此，一定要周密组织演练活动，制订并严格遵守有关安全措施，确保演练参与人员及演练装备设施的安全，确保社会公众的安全。

◎ 学校的演练方案要细化到年级、班组，并对安全注意事项做出具体规定，责任到人。

◎ 所有活动组织人员要依照方案，尽职尽责，确保演练安全、顺利地进行。

◆ 结合实际，合理定位

紧密结合学校应对地震灾害管理工作实际，明确演练目的，根据资源条件，确定演练方式和规模。

◎ 演练方式，包括桌面演练、功能演练和全面演练等。桌面演练一般仅限于有限的应急响应和内部协调活动，成本较低，主要为功能演练和全面演练做准备。

◎ 学校的全面演练，一般要求全校师生和员工参加，持续一两个小时，甚至半天。演练过程要求尽量真实，调用更多的人员和资源参与。

◆ 着眼实战，讲求实效

学校在认真总结以往开展突发事件处置和应急演练工作经验的基础上，围绕本地区、本校突发事件发生发展规律和面临的主要风险，制定科学合理的演练方案并将其细化、落实到演练的各个环节，从应对突发事件的实战出发，实施应急演练，提高突发事件专业处置能力。

◎ 地震、火灾等灾害留给人们的逃生时间是有限的，一般是 2 分钟左右。应急演练应明确最终的时间目标，原则上中学生在 2 分钟以内，小学生在 3 分钟以内完成。

◎ 要从学校实际出发，设定合理的时间要求，通过经常性的演练对其进行逐步提升，最终达到设定的目标。

◎ 一定要以提高教师等应急指挥人员的指挥协调能力、全体师生的科学有效应对实战能力为着眼点。

◎ 重视对演练效果及组织工作的评估、考核，总结推广好经验，及时整改存在的问题。

◆ 统筹规划，厉行节约

根据防灾减灾的实际需要，结合上级指示和本校特点，统筹规划

应急演练活动，本着对正常教学工作影响最小的原则，充分利用现有资源，努力提高应急演练效益。

比如，可以将防震减灾演练、消防演练和应急救援、自救互救、紧急救助演练结合起来。这样的演练内容丰富，更容易取得实效。

应急演练实施的基本流程和内容

应急演练实施的基本流程，包括计划、准备、实施、评估总结、改进五个阶段。

通常情况下，学校的地震应急演练，可在充分计划和准备的基础上，根据本地区、本学校的实际情况，以及演练形式和目的、作用的不同，参考安排以下实际演练内容。

◆ 启动与指挥

主要包括应急指挥机构运作、命令的部署传达、人员安排调度、救援力量和物资装备调运、现场应急指挥协调、应急结束研判与发布等。

一场演练的顺利实施，离不开对演练过程的有效控制，需要现场指挥按照一定的规则发出控制信息，参演人员收到信息后根据行动方案采取措施。

地震应急演练设指挥长和总指挥，指挥长向总指挥报告准备就绪后，指挥长宣布地震逃生应急演练开始进行。

◆ 人员的安全躲避与疏散安置

所有参加演练的人员在听到“地震发生”的信号后，立即按照演练方案采取行动。

学生先就地安全躲避。

然后在教师的指挥和带领下，有序疏散，撤离教室。

还可以包括应急避难场所启用、帐篷和生活必需品调运、帐篷的搭建等等。

◆ 人员搜救与自救互救

人员搜救，主要包括现场调配抢险救援力量和装备、搜索与营救被困人员、紧急救治与运送伤员等。

◎ 自救互救，主要包括被困人员紧急避险和自救、互救，学校组织力量开展救援行动等。

◆ 次生灾害防范与处置

主要包括：火灾、水灾、危化品、毒气、地质灾害监视与应对处置，以及水库和饮用水源安全保障、污染物防控、环境监控和核设施安全保障等。

对于学校来说，火灾是最常见和最应该加强重视的灾害。

◆ 学校正常秩序的维护

主要包括：学生在疏散场地的秩序维护、伤员等重点人群的保护、要害部门和重要场所警戒等。

应急演练中的常见问题

2008 年四川汶川 8.0 级地震共造成 69227 人遇难，374643 人受伤，17923 人失踪。在这次震灾中，中小学生成为伤亡最大的群体之一：绵竹市东汽中学数百名师生被埋，北川中学近千名师生被埋，聚源中学数百名师生遭受同样厄运……

然而，紧邻最为惨烈的北川的安县桑枣中学却创造了奇迹：2008 年汶川 8.0 级大地震前加固改造了教学楼，多次进行过演练，震时 2200 多名师生用时 1 分 36 秒从不同的教学楼和教室中全部撤离到操场，以班级为单位站好，学校没有一人在地震中受伤或者遇难……

创造这一奇迹的校长叶志平，被网民称赞为“史上最牛校长”。这一奇迹的发生，与叶志平校长在震前组织加固教学楼、制定科学有效的应急预案以及长期坚持进行扎实有效的紧急疏散应急演练是分不开的。

紧急疏散应急演练是非常重要的。然而，有些学校虽然按要求制定了预案，却不重视演练，即便组织演练，也不认真，走过场。

以下是演练中的常见问题，是必须努力避免的。

◆ 注重“表演”，而轻视“训练”

把地震应急演练搞成一场表演活动，是很多学校开展应急演练活动时极容易走进的一个误区。个别学校不是从应急演练的实际效用出发，而是过多关注了演练的场面、规模等外在形式，参及者处于为表演而演练的状态当中，不重视对应急能力的检验和技能的提高，失去了应急演练的真正目的。

◎ 地震应急演练的目的，是提高广大师生的责任感，提高师生的危机应对意识、密切协同意识、生死与共意识、快速反应能力和应急避险能力。

◎ 对于老师和高年级学生，应组织开展地震现场避险逃生案例分析，以及学校应急演练情景设计与流程分析。

◎ 通过深入研讨和不断实践，提高学校的应急演练实战水平。

◆ 忽视实战细节

地震应急演练是对预案的实化，是“地震逼真环境”下对预案的检验。演练的目的在于把预案的规定变成“本能”的行为，并通过对演练暴露问题的整改，进一步修订完善应急预案体系。目前，少数学校和师生对地震应急演练的重要性认识不足，致使一些演练活动满足于形式和流程，特别是在一些关键细节上设置不周全，严格要求不到位。如有的学校在紧急撤离路线的选择上，离开教学楼后，不是迅速向操场方向撤离，而是沿教学楼墙边撤离；有的撤离到室外后，安排师生在危旧房屋下避险，等等。

◎ 一切地震演练都要从实战出发，从提高师生的地震紧急避险能力入手；

◎ 坚持细节制胜，坚持重实战、重实效；

◎ 坚持在过程安全前提下，提高紧急避险的时效。

◆ 演练与应急预案完全脱节

在应急演练的实际过程中，一些学校常常无视应急预案或者处置方案的设计，甚至有些演练完全没有应急预案或者处置方案。参与的师生不了解预案的内容，也根本没有按照现场指挥的指令，认真采取相应的行动。

这样的演练脱离了应急预案，根本达不到预期的目的。

◆ 不认真总结和提高

应急演练过后，应对演练的结果和演练过程中发现的问题和漏洞，进行经验总结和评估，这是应急演练的一个重要环节，也是最容易忽视的一个环节。

在实际中，很多学校的总结就是走过场，演练结果总是以领导发言“取得了圆满成功”“提高了广大师生的应急能力”等套话为结局，并没有真正地进行经验总结，也没有深究演练中发现的问题和不足之处。

只有对演练中发现的不足之处进行经验总结和评估，才能不断提高参演者的应急施展能力和水平，真正起到检验预案是否具有可操作性和有效性的作用，进而对预案进行修订和完善，实现应急预案的动态管理。

地震的发生是不可抗拒的，但我们可以积极应对，把伤害减少到最低程度。“生命至上”不仅仅是一句口号，更要落到实处。生命只有一次，不要因为一次疏忽，留下无尽的遗憾。

反复进行应急预案的演练，及时完善应急预案，就是应对突发事件最有效的措施。

四、学校地震应急演练的准备阶段

成立学校地震演练的组织机构

学校地震应急演练，应在学校地震应急预案确定的指挥机构的领导下组织开展。演练之前，学校要成立由校长、其他有关校领导及工作人员组成的演练指挥部（领导小组），通常下设组织协调组、疏散引导组等若干工作小组。

应按照统一领导、统一指挥、党政同责、分级负责的原则，建立健全学校、年级、班级地震应急组织指挥机构，形成平震结合、响应迅速、运行高效的组织指挥体系。关键岗位实行 A、B 角制度，确保应急工作不缺位。应注重发挥班委会和班级小组长的作用，发挥广大师生的能动作用。

从演练指挥部相关小组的建立和职责的明确，到学校、年级、班级和小组，层层有人负责，人人明确职责。当灾难真正来临时，才能保证师生有序逃生自救，把伤亡和损失减到最小。

根据不同类型和规模的演练活动以及人员组成情况，组织机构及其职能可以适当调整，工作小组可以增加或减少，也可以合并。

◆ 演练领导小组

全面负责演练活动的组织领导和协调指挥工作，同时落实每位成员在演练中的具体工作，审批决定演练的重要事项。设总指挥、副总指挥及相关成员。

演练领导小组组长可以由校长担任，副组长可以由副校长或主要协办单位负责人担任。领导小组其他成员，一般由各演练参与单位相关负责人担任。在演练实施阶段，演练领导小组组长、副组长通常分别担任演练总指挥、副总指挥。

◆ 组织协调组

负责应急演练策划与演练方案设计、演练动员与培训、演练实施的组织协调、信息的上传下达、对外联系等。

组织协调组负责人，一般由学校具有应急演练组织经验和地震应急工作经验的人员担任。

◆ 疏散引导组

负责科学编制和张贴学校应急疏散路线图、班级应急疏散路线等，引导、组织师生安全有序疏散，帮助伤病学生疏散并对其进行妥善安置，疏散完成后协助其他各组工作。

疏散引导组人员，可由各班班主任或当堂上课教师组成。

◆ 抢险救护组

负责组织实施自救互救，现场急救展示培训，消防技能展示培训，保护抢救重要财产、档案等，预防次生灾害发生。

如演练中发生意外事故，负责将受伤师生尽快运送到指定安全区域，并迅速联系急救中心或拨打120；在专业医务人员到达之前，对伤员采取现场急救。

抢险救护组成员，可由受过培训的教师或外请专家组成。

◆ 后勤保障组

负责制定演练保障方案，购置和制作演练模型、道具、场景，布设演练场地；维护演练秩序，进行治安保卫工作；拉响演练警报；通信、标识、广播、救助等演练所需物资装备的准备；检查、恢复学校水电、通信等后勤保障设施。

后勤保障组成员，可由校后勤处和保卫科教职人员组成。

◆ 宣传报道组

负责设计演练宣传方案，记录演练过程，整理演练信息，组织新闻媒体和开展信息发布活动，参与撰写演练总结报告等。

宣传报道组成员，可由校党办（支部）、教务处相关教师和相关学生组成。

◆ 专家评估组

负责评审演练方案，设计演练评估方案，编写演练评估报告，对演练准备、组织、实施及其安全事项等进行全过程、全方位评估，及时向演练领导小组、组织协调组和后勤保障组提出意见、建议。

专家评估组人员，可由上级部门组织，也可由学校自行组织。

◆ 参演人员

承担具体演练任务，针对模拟地震事件场景作出应急响应行动。

参演人员主要包括参加的学校师生、员工，以及指导和协助实施演练的地震、应急、消防、卫生等部门的专业技术人员等。

制定学校地震应急演练计划

中国地震局 2011 年发布的《地震应急演练指南》规定，演练组织单位要根据相关法律法规和应急预案的规定，结合实际情况，制订应急演练规划，按照“先简单后复杂、循序渐进、时空有序”等原则，合理规划应急演练的目标、形式、内容、规模、频次、时间、地点，以及经费筹措渠道和保障措施等。

学校的地震应急演练计划，一般包括如下内容。

◆ 确定演练目的，明确预期效果

明确举办演练的原因、演练要解决的问题和期望达到的效果等，如落实教育部以及省市县教委关于“学校每年至少开展一次应急疏散演练”的要求：

- 通过地震应急演练，提高全校对突发公共事件的应急反应能力；
- 使全校师生掌握应急避震的正确方法，熟悉校园的紧急疏散的程序和线路；
- 确保在地震来临时，地震应急工作能快速、高效、有序地进行，从而最大限度地保护全校师生的生命安全，减少不必要的伤害；
- 通过演练活动培养学生听从指挥、团结互助的品德；
- 提高广大师生对应急演练重要性的认识和重视程度；
- 为打造“平安校园”提供良好的校园安全环境等。

◆ 分析演练需求，确定演练内容

在制定演练计划时，在对事先设定地震事件的严重程度及应急预案进行认真分析的基础上，可针对存在的主要风险和工作中的不足，

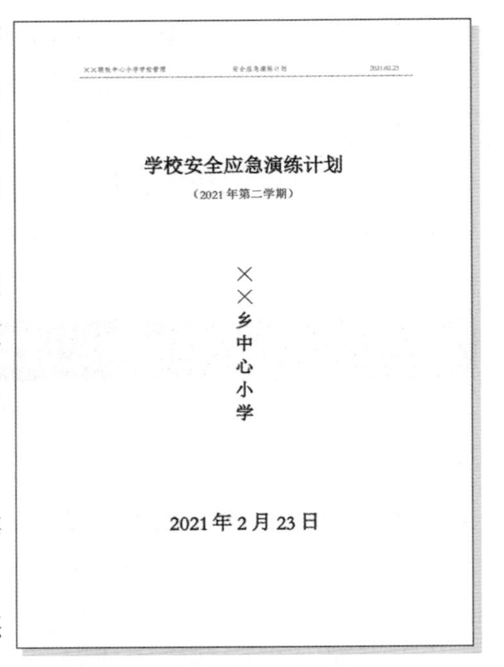

安全应急演练计划　2021.02.23

学校安全应急演练计划

（2021年第二学期）

××乡中心小学

2021年2月23日

梳理举办应急演练的需求，确定需演练的科目、需演练的人员、需锻炼的技能、需检验的设备、需完善的流程、需磨合的机制和需明确的职责等，确定演练内容。

如，根据需要和条件，可有选择地进行应急避震演练、紧急疏散演练、人员安置演练、现场救护演练、初发火情处置演练，等等。

◆ 确定演练形式和规模

根据演练需求、经费和时间等条件的限制，确定演练类型、等级、参演班级、协助单位及人数、演练方式等。

此外，还可考虑是否设置地震现场情景模拟、进行专家现场解说点评等等。

◆ 准备工作和日程安排

安排演练准备与实施的日程计划，包括各种演练文件编写与审定的期限、物资器材准备的期限、演练实施的日期等。

除了时间安排，在计划中还需要明确演练的地点。比如，接收到演练开始的命令后，师生在教室或办公室内进行地震避险；然后，有序疏散到操场进行集结（如果校内操场面积不足，还要考虑就近选择校外的开阔安全地点）。

◆ 编制演练经费预算

编制演练经费预算时，如果涉及多个单位，要明确演练参与单位的任务和经费。

根据学校自身的条件和演练规模，可能涉及专家咨询费、宣传品购买或制作费、场景模拟搭建费、演练直接消耗用品费、演练策划方案和演练脚本编制费等，可以用表格的方式，非常简明地列出。

编写学校地震应急演练方案

制定符合实际、切实可行的应急演练方案，使应急演练有章可循、演练规范，才能取得实效。

演练方案应依据《国家地震应急预案》《国家破坏性地震应急预案》以及地方、部门相关预案和本校地震应急预案进行设计编写。

学校的地震应急演练方案，应充分考虑学校自身性质、地理位置、周边环境、教职工和学生人数、校园内建（构）筑物类型和数量等实际情况。

演练方案应努力做到：内容完整、简洁规范、责任明确、路线科学、措施具体、便于操作。

学校地震应急演练方案的主要内容，可包括演练目标、演练情景、实施步骤、配套材料、演练脚本等等。

◆ 演练目标

◈ 演练目标是需完成的主要演练任务及其达到的效果，一般说明“由谁在什么条件下完成什么任务，依据什么标准，取得什么效果”。演练方案中的演练目标，比演练计划中的演练目的更加具体和明确。演练目标应简单、可量化、可实现。

◈ 演练时间和地点、参与演练人员、演练组织结构及人员分工等，都要具体、明确。

◈ 一次演练，一般有若干项演练目标，比如躲避、疏散、灭火、急救等。每项演练目标，都要在演练方案中有相应的事件和演练活动予以实现，并在演练评估中有相应的评估项目，用于判断该目标的实现情况。

◈ 在演练目标部分，根据需要，还可以设定演练主题。

◆ 演练情景

演练情景要为演练活动提供初始条件，还要通过一系列的情景事件引导演练活动，直至演练完成。在学校的地震应急演练方案中，要明确：

- 地震事件发生的时间、地点、震级等要素；
- 地震灾害严重程度；
- 受影响范围；
- 学校的可能受影响程度；
- 可能出现的次生灾害；
- 参演人员及其位置、拟采取的避险应对措施等。

演练情景的安排，一定要具体详实，突出可操作性和安全性。应明确：

- 如何保证应急疏散场所的安全性；
- 如何维护应急疏散通道的畅通；
- 科学的应急疏散路线；
- 规范的应急疏散用语、应急警报信号、疏散时间等。

◆ 实施步骤

根据演练情景和内容设计，对演练过程中应急响应与处置各环节的实施步骤进行设定和描述。主要包括：

- 学校进行地震应急演练的基本要求；
- 准备工作；
- 启动命令；
- 躲避要求；
- 疏散路线；
- 演练流程；
- 保障措施；
- 善后处置等。

◆ 配套材料

演练的配套材料是指导演练实施的一个或数个具体详细工作文件。内容主要包括：

- 演练人员手册；
- 演练具体安排和基本要求；
- 演练控制手册；

- 演练脚本；
- 演练宣传方案；
- 安全注意事项；
- 演练保障方案；
- 演练评估方案等。

演练人员手册，原则上应提前发放给所有参加演练的人员。

◆ 演练脚本

演练脚本通常以剧本或表格形式将模拟事件处置过程予以展示。内容主要包括：

- 演练场景；
- 处置行动；
- 执行人员；
- 指令与对白；
- 视频背景与字幕；
- 解说词等。

制作演练脚本的目的是通过周密严谨的细节性安排，规范应急演练操作，因此要特别注意具备现实可操作性。

最后一步，学校的演练方案制定完成后，应报演练领导小组批准，以确保演练方案科学可行和演练工作的顺利进行。必要时，演练方案还可报请教育主管部门审定并备案。

学校地震应急演练前的动员和培训

《突发事件应急演练指南》明确要求，在演练开始前要进行演练动员和培训，确保所有演练参与人员掌握演练规则、演练情景和各自在演练中的任务。所有演练参与人员都要经过应急基本知识、演练基本概念、演练现场规则等方面的培训。对控制人员要进行岗位职责、演练过程控制和管理等方面的培训，对评估人员要进行岗位职责、演练评估方法、工具使用等方面的培训，对参演人员要进行应急预案、应急技能及个体防护装备使用等方面的培训。

◆ 演练培训开始前，要制定一个详细的培训计划，确定参与对象、培训内容和方式。

◈ 学校应根据演练的主题，在演练前依托校园网、校园广播、宣传橱窗、板报等传播载体，通过专题会议、班会、校会等多种途径和方式，向全校师生宣讲疏散演练方案，让师生明确演练的必要性和基本步骤，熟悉疏散程序、疏散信号、疏散路线、疏散顺序、疏散后的集合场地和时间要求等。同时，有针对性地组织师生学习安全知识，掌握避险、撤离、疏散和自救互救的方法、技能。

◈ 做好宣传动员工作，让师生明确演练的意义，重视演练，认真参加演练。同时要对师生身体进行问询检查，对特殊体质的学生（特别是心脏不好的同学），要确认能不能参加演练，必要时可给予特殊考虑和安排。不能参加演练的同学，也要清楚响应流程，了解逃生路线，掌握逃生本领。

◈ 由于不同应急演练人员在演练中扮演的角色和承担的职责不同，因此要根据演练文件有针对性地对参演人员进行培训，如演练控制人员和参演人员要系统学习《演练控制指南》，演练评估人员要进行《演练评估手册》培训。

◆ 学校在进行地震应急演练前，一定要进行充分准备：

◈ 广泛宣传，营造应急演练的浓厚氛围；

◈ 安排人员在应急演练期间做好摄影工作，真实、全面地反映本次校园避震应急演练的全貌；

◈ 在家属区张贴本方案中关于“地震应急演练”的工作安排，告知家属区住户切忌以假作真，不信谣传谣，严防意外发生；

◈ 组织参加应急演练的师生召开专门会议，讲明演练的程序、内容、时间和纪律要求，以及具体的疏散路线和到达区域。

◆ 着重强调：演练是预防性、模拟性练习，以免发生其他意外事故。

学校地震应急演练的场地准备

为保障演练顺利开展，除了演练前期的策划制作，还应对演练正式实施时现场所需各类资源进行统筹安排。国务院应急管理办公室2009年发布的《突发事件应急演练指南》指出，应急演练保障包括人员保障、经费保障、场地保障、设备器材保障及安全保障等。

其中场地保障是最重要，也是最容易出现问题的环节。

在学校的地震应急演练中，场地主要包括应急疏散场所、应急疏散通道和应急疏散路线。

◆ 应急疏散场所，通常利用学校的操场或学校附近的广场，一般能做到通风良好，相对宽阔。

◈ 应远离高大建（构）筑物，与建（构）筑物的距离，应大于其高度的三分之一；

◈ 应避开对人身安全可能产生影响的地段，如有毒气体储放地、易燃易爆物或核放射物储放地、高压输变电线路等设施；

◈ 避开陡坡等易发生地质灾害的地段；

◈ 疏散场地应有方向不同的两条以上与外界相通的疏散道路。

◆ 应急疏散通道（包括安全出口）

◈ 一定要保持畅通，严禁占用；

◈ 禁止将安全出口和教室、实验室、宿舍等安全门上锁或堵塞；

◈ 应将房间的老式内开窗户改成外开式或平移式窗户，一楼窗户的防护栏应符合消防要求，应急情况下防护栏能迅速打开。

◆ 应急疏散路线

为了提升疏散效率，最好在演练开展前对疏散路线进行优化和规范。应根据学生分布和建筑物结构，合理确定各班级疏散路线，合理分流。撤离路线途经的楼梯、廊道、大门应坚固、抗震，通道应安全、通达，指示标志清晰。

◈ 设立明显的标志标识；

◈ 在楼梯间、教室门口等容易产生人员拥堵的区域，设置专门的人员进行疏散引导，指导师生快速疏散；

◈ 应按最短时间撤离建筑物设计紧急避险撤离路线；

◈ 应切实保障所有班级撤离路线的安全可靠；

◈ 应避免穿越公路、交通密集和易发生危险的路段。

特别措施：地震应急演练前，应重点考虑细化措施，保障大量学生在楼道相遇或意外情况发生等情况下，不发生拥堵或踩踏。此外，还要重点考虑特殊情景，如启动演练（地震发生）时，正值刚下课或准备去上课期间，师生零散分布在教室、宿舍、走廊、卫生间和操场等处，应如何撤离。

学校地震应急演练的其他准备

除了前面介绍的内容，应急演练准备工作还有很多，其中相对比较重要的，有如下几个方面的内容。

◆ 加强与相关部门和单位的沟通联络

演练前，学校应向教育主管部门报告。根据不同演练主题，教育部门、中小学要加强与公安、交管、地震、消防等部门的沟通协调，邀请专业人员到校指导，帮助学校完善方案，加强过程指导。学校可

视情况通报相关部门和周边单位，并通过广播、网站、横幅标语等方式，预告演练的时间、地点、内容，避免发生误解和恐慌，保证演练安全顺利进行。

◆ 印制演练相关文件和材料，准备人员装备和器材

演练相关文件和材料，包括学校地震应急预案、演练方案、演练人员手册、演练脚本等。

应提前准备好参演人员需配备的装备器材，如胸挂式应急工作证和指挥员、安全疏导员标志，带演练标示的马甲、手电、应急灯、口哨、对讲机、手持扩音器、医疗急救箱、灭火器材、警戒线等。

根据需要购置或准备演练所需的烟雾发生器、警报器、场地标志等物品。

◆ 张贴疏散线路图和指示标志

在每个教室、宿舍、办公室内，张贴应急疏散示意图；在教学楼、宿舍楼、办公楼、实验楼等场所的适当位置，张贴应急疏散示意图和到达避险场所的指示标识。避险场所应设置标有文字说明的指示标识、平面图和疏散示意图。指示标识、平面图和疏散示意图，应当清晰完整、简洁规范、美观大方。

五、学校地震应急演练的实施阶段

地震应急演练的过程控制

按照演练方案要求，应急指挥机构指挥各参演队伍和人员，开展对模拟演练事件的应急处置行动，完成各项演练活动。

◆ 演练总指挥负责按演练方案控制演练过程。

◎ 学校地震应急演练的控制消息可由人工传递，也可以用对讲机、电话、手机等方式传送，或者通过特定的声音、标志、视频等呈现。

◎ 演练实施前必须完成演练所需的场地等基本设施的准备。演练不一定是严密的，允许根据场景变化进行必要的个人发挥，这也是通过情景激发完善防灾减灾工作的一种方法。

◎ 在演练人员的行为偏离演练主线过远，并有可能影响整体演练进程或演练效果的情况下，总策划要在后台进行必要的干预。

◆ 演练总指挥按照演练方案发出控制消息，演练控制人员（通常由组织协调组人员组成）向参演人员传递控制消息。

◎ 演练控制人员应充分掌握演练方案，按总策划的要求，熟练发布控制信息，协调参演人员完成各项演练任务。

◎ 参演人员接收到信息后，根据地震应急方案，按照发生真实地震时的应急处置程序，采取相应的应急处置行动，完成各项演练活动。

◈ 演练过程中，控制人员应随时掌握演练进展情况，并向总指挥报告演练中出现的各种问题。

◆ 演练完毕，由总指挥发出结束信号，并宣布演练结束。收到信号后，所有人员停止演练活动，按预定方案集合，进行现场总结讲评或者组织疏散。后勤保障组负责组织人员对演练场地进行清理和恢复。

◆ 特殊情况控制。演练实施过程中出现如下两种情况，演练总指挥应按照事先规定的程序和指令终止演练。

◈ 出现真实突发事件，需要参演人员参与应急处置时，要终止演练，使参演人员迅速回归其工作岗位，履行应急处置职责。

◈ 出现特殊或意外情况，短时间内不能妥善处理或解决时，可提前终止演练。

地震应急演练的启动指令

通常，学校的地震应急演练，可以由指挥长当场宣布，通过覆盖校园的广播，发出简明的指令："现在地震来袭，实施紧急避险！"同时，避险警报信号响起。听到警报信号后，全体参加演练的师生，要立即按照演练方案的要求，迅速采取相应的行动。

还可以单独用应急警报信号，作为地震应急演练的启动指令。

◆ 警报信号应具备很强的覆盖性、独立性和差异性，并考虑在断电等特殊情况下的备选方案。

◈ 警报信号要能有效覆盖学校的每个地点；

◈ 在无法或不能及时采取广播等辅助手段的情况下，警报信号能独立向师生传递准确信息；

与学校日常的铃声、广播声等要有差异。

◆ 如果学校已经安装了地震预警系统，可以通过系统发布用于演练的模拟地震应急警报信号，随即启动地震应急演练。这样做可同时检验地震预警系统的有效性和地震预警发布的及时性。

◈ "地震预警"是指大地震发生后，快速估算地震参数、预测周边地面震动，利用广播、电视、网络等一切传播途径，提前几秒至数十秒发出地震风险警示或拉响警报，通知公众采取处置行动的行为。它的特点是：利用电磁波传输数据的速度比地震波传播速度快的特点，可以在地震波到达目的地之前告知哪里地震了、本地影响如何，为目的地公众争取到几秒至数十秒的逃生时间。

◈ 我国《国家中长期科学和技术发展规划纲要（2006—2020年）》和《地震科学技术发展规划（2006—2020年）》都明确提出了应该在中国建设地震预警系统。2015年批复立项的国家地震烈度速报与预警工程，已于2018年全面启动实施，目前已经在京津冀、四川、云南和福建地区实现示范运行。

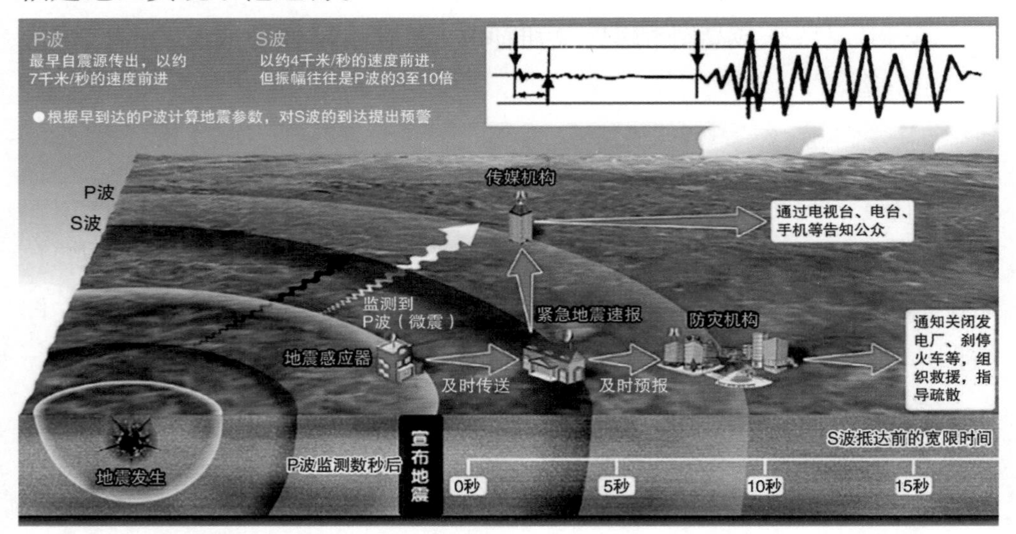

◆ 如果学校尚未建立地震预警系统，可参照《中小学幼儿园应急疏散演练指南》的规定，拉响警报信号，作为启动地震应急演练的指令：电铃声、警报声、哨声等，长鸣60秒，停30秒，反复两遍为一个周期，时间共3分钟。

特别提示：避险信号和疏散信号应有明显区分。

地震紧急避险演练

专家普遍认为，破坏性地震突然发生时，就近躲避，震后迅速撤离的方法是应急避险的好办法。有人调查过唐山地震幸存者中的974

人，发现其中 258 人采取了避险措施。这 258 人中有 188 人成功脱险，占 72.9%。这说明只要避险方法正确，脱险的可能性是很大的。

因此，一般情况下，地震紧急避险是学校地震应急演练的必选和首选内容。

◆ 基本流程和要求

◈ 总指挥宣布演练开始，通过校园广播发出指令："地震来袭，安全避震。"同时，可以配合鸣响避险警报信号（电铃声、警报声、哨声均可）。

◈ 听到信号后，在教室、实验室、宿舍的教职工，立即通知旁边的学生："地震来袭，安全避震。"

◈ 楼道负责人及其他疏散人员迅速到达各楼层值勤点位，各班班主任或任课教师迅速指挥学生紧急避险。

◈ 在实验室等地点的教职工，应迅速关闭火源、电源、气源等，处理好易燃、易爆、易起化学反应的物品等。

◈ 正在教室内的学生，建议优先选择桌子下方进行避险。用手或将一只胳膊弯起来保护眼睛，不让碎玻璃击中；另一只手用力抓紧桌腿。

◈ 如果桌子下边避险空间不足，可以在桌（椅）旁下蹲避险。躲避时，最好用身边的软实物体护头，学生在教室时用书包就行。实在找不到东西时，把手护在头上也行。躲避好后，闭上眼睛，用鼻呼吸。

◈ 正在走廊或厕所内的人员，应立即选择墙脚或墙角等有利安全的地点，就近躲避，用双手保护头部。

◈ 在室外的人员，应跑到空旷的地方，双手交叉放在脑后，防止被砸，应注意避开建筑物和电线杆等容易倒塌或掉落的地方。

特别提示：

◈ 以上避险动作，原则上要求在 12 秒内完成。

◈ 平时在室内应多演练

“伏地、掩护、抓牢”三步避险动作，最好形成人的条件反应。

◆ 注意事项

一定要反复提醒学生：

◎ 突发地震时，绝不可乱跑或跳楼！应先就近躲避！从意识到这是一次地震，到地震结束，一般只有十几秒钟的时间。要把握好最早的几秒钟，立即就近躲避，直到地面停止摇动，再没有东西落下来为止。

◎ 室内就近躲避的地点，可优先选择桌子下方，实验台、床铺的旁边，或承重墙的墙根、墙角。

◎ 躲避时，尽量蜷曲身体，降低身体重心，缩小面积；注意尽量保护头部，应用身边的软实物体护头，或把双手交叉放在脑后面；脸朝下，闭眼；用鼻子呼吸，如果粉尘较多，可以用袖子掩住口鼻。

◎ 电梯内的人员，应该选择最近的楼层撤离电梯。如果电梯被卡住，千万不要慌张，应重点防范电梯坠落：赶快把每一层楼的按键都按下，如果电梯里有把手，一只手紧握把手，整个背部跟头部紧贴电梯内墙，呈一直线，膝盖呈弯曲姿势。

◎ 在地震发生时，位于门口朝向开阔空地的楼房一楼、平房、门外没有高或封闭走廊的近门人员，应迅速起身用手护头冲出室内，并观察附近有无高空坠落物。

◎ 不要靠近窗口，避开顶灯和吊扇，避免被砸；视情况就近关闭火源、电源等。

特别提示：在进行地震应急演练时，应按照动员培训或班主任老师的指示躲避。组织协调组和疏散引导组工作人员，可以按预先的分工，迅速到各自负责的教室，检查学生避震的情况，发现采取不正确措施的，应及时纠正。

地震紧急疏散演练

地震具有极强的破坏性。一旦震动暂时停止，我们就要考虑迅速撤离到室外安全地带，因为房屋可能已经受到损坏，随时会倒塌。同时，有感地震可能是破坏性地震的前震；一次较大地震发生后，往往有强余震发生。

因此，一般情况下，地震紧急避险演练之后，学校通常会接着进行疏散演练。

◆ 基本流程和要求

地震（包括演练时的模拟地震）暂停后，需要立即进行疏散。

◎ 总指挥通过校园广播下令：“现在地震紧急避险结束，全体师生立即迅速有序疏散！”同时，可以配合鸣响避险警报信号（电铃声、警报声、哨声均可）。

◎ 在教室、实验室、宿舍等地点的教职工，立即告知身边的学生：“按照疏散路线，快速疏散。”

◎ 组织协调组和疏散引导组工作人员，按照演练方案的安排，赶到指定位置（楼梯口、转角处、楼门口等）引导疏散，指挥学生保持秩序，控制速度，逐次疏散，预防意外，确保安全。

◎ 班主任或任课老师，立即组织学生从教室前后门有序到走廊。根据演练方案的安排，结合教室、实验室、宿舍等的位置，按照不同楼层的先后顺序，就近从疏散楼梯向下疏散。

◎ 所有学生要沉着冷静，服从指挥，快速、弯腰（降低行走重心）、护头，在班主任或任课老师的带领指挥下，通过疏散楼梯，快速步行到教学楼一层，通过安全出口，沿着规划的疏散线路，向操场指定区域疏散。

特别提示：学校的疏散演练，可参照《中小学幼儿园应急疏散演练指南》的规定，每个班级应在 2 分钟内完成全体学生的疏散（不包括分流等待的时间）。如果

做不到，就要努力通过常态化的反复演练来实现。

◈ 全体参加演练的师生疏散到避险场所后，按照班级形成队列在指定位置站好，保持安静，避免混乱。

班主任、年级主任或负责统计的人员，进行班级、年级到场人员统计，并按演练方案要求做好汇报准备（参考汇报内容：本次演练五年级 2 班参演人员 40 名，应到 40 人，实到 40 人）。

◈ 根据现场情况，抢险救护组检查学生身体、心理状况，进行临时救治。

◈ 各小组负责人及时向总指挥报告现场情况。

◈ 所有参演人员安全撤离到指定的疏散区域，确定无异常后，现场计时，清点应到和实到人数，计算撤离耗用时间，并报告演练总指挥。

◈ 全体参与演练的师生，根据总指挥的指令，采取下一步行动。

◆ 疏散顺序安排

◈ 楼层疏散，按低至高顺序进行，每层楼疏散时间间隔一般为 1 分钟；教室疏散顺序，按距离楼梯的近远，从近到远进行疏散，各班疏散间隔时间一般为 30 秒钟。

◈ 接到命令进行疏散时，各班靠门的学生立即把门打开，按座次分前后门撤出教室。

◈ 在一楼教室的学生，应快速有序地直接疏散，通过走廊或通道向指定的运动场（开阔地带）疏散。

◈ 二楼（含二楼）以上，以教学楼中间为分界线，分成左右两边，左边教室的学生走左边楼梯，右边教室的学生走右边楼梯；奇数层教室（宿舍）的学生走楼梯内侧，偶数层教室（宿舍）的学生走楼梯外侧。

◈ 二、三楼教室（宿舍）的学生听到疏散命令后，立即有序出教室，进行疏散；四楼以上，每两层之间延长 2 分钟（如四、五楼比二、三楼推迟 2 分钟进行疏散）。

◈ 同楼层同一方向疏散的班级学生，从靠近楼梯口的班开始疏散，后面的班每班依次推迟 30 秒钟疏散。

细化的疏散时间，应具体落实到每个班。

◆ 注意事项

一定要把安全放在首位，力争做到“快速而有序”。

◈ 在地震应急演练的过程中，所有的人都不允许乘坐电梯！更不能跳楼逃生！一定要严防二楼的个别男学生跳楼！

◈ 每一楼层、每一个楼梯应至少安排一位老师负责安全疏导，学生按预定的疏散路线疏散到教学楼前广场集合。

◈ 要有顺序地疏散，比如可以规定，在从楼梯下楼时，下楼的人员走楼梯内弯，从本楼走廊过来的人员走楼梯外弯。

下楼时，二排行进，一个紧挨一个，切勿在楼梯或走廊互相拥挤，避免跌倒踩踏。

◈ 在疏散撤离过程中，指导参演人员快步匀速前进；全体人员都不得急速奔跑，防止发生踩踏事故；所有的学生要做到不拥挤，不推搡他人，不起哄，不高声喧哗，不拉手搭肩，不嬉戏打闹，不弯腰拾物，不逆流而行。

◈ 通过烟尘区域时，须使用毛巾或衣物等织物捂住口鼻，最好浸湿使用，尽量弯腰低行。

◈ 有条件的学校可自备高空缓降器或救生绳，经过培训的学生，可以通过这些设施离开危险楼层。

特别提示：应考虑安排专人负责帮助有困难的人员进行疏散。如出现拥挤摔倒等突发情况，负责疏散引导的老师应立即发出“停止前进”的指令，向指挥部报告，等险情排除后，再组织学生有序撤出。如遇人员受伤或不适等情况（包括由心理因素引起的不适），及时联系医疗救护组进行处理，其他突发事件，及时上报指挥部。

地震灾害现场急救演练

如果条件允许，在进行地震应急演练时，可以安排人员搜救、自救互救和现场急救项目。

◆ 演练内容

◈ 人员搜救，主要包括现场调配抢险救援力量和装备、搜索与营救被困人员、紧急救治与运送伤员等。

◎ 自救互救，主要包括被困人员紧急避险和自救、互救，学校组织力量开展救援行动等。

◎ 现场急救，应按照紧急呼救、判断伤情和救护三大步骤进行。当事故发生，发现了危重伤员，经过现场评估和病情判断后需要紧急救护，应立即拨打“120”急救电话。现场救护，主要是止血、包扎、心肺复苏等。

◆ 注意事项

◎ 心肺复苏、受伤包扎等日常生活中可能遇到的紧急状况，应邀请具有相应资质的专业人士来校指导。

◎ 学会心肺复苏，对每个人都会很有用。为了能够在危急时刻挽救生命，建议每个青少年学生都要学习和掌握初步的心肺复苏方法。

◆ 心肺复苏的基本步骤

心肺复苏术又称 CPR，就是当病人停止呼吸和心搏骤停时，用人工呼吸和胸外按压进行抢救的一种技术。人在遭受突发心脏病、溺水、车祸、药物中毒、高血压、触电、异物堵塞时，会导致心搏骤停，呼吸停止。在这种情况下，可以用心肺复苏术来抢救。

为了确保安全有效，进行初步的心肺复苏时，应参考如下步骤进行。

◎ 确认现场安全。

施救前，必须确保远离火源、电源和危险化学品、危险建筑，确保自身安全。

◎ 检查伤员情况。

在确认现场安全的情况下，轻拍患者的肩膀，并大声呼喊“你还好吗？”，检查患者是否有呼吸。如果没有呼吸，或者没有正常呼吸（即只有喘息），立即准备开始胸外心脏按压。

◎ 打开气道。

施救者用一只手轻压伤者的额部，使头部后仰；另一只手托起伤者下颌，迅速清理伤员口鼻内的污物、呕吐物和假牙，以保持呼吸道通畅。

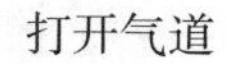
打开气道

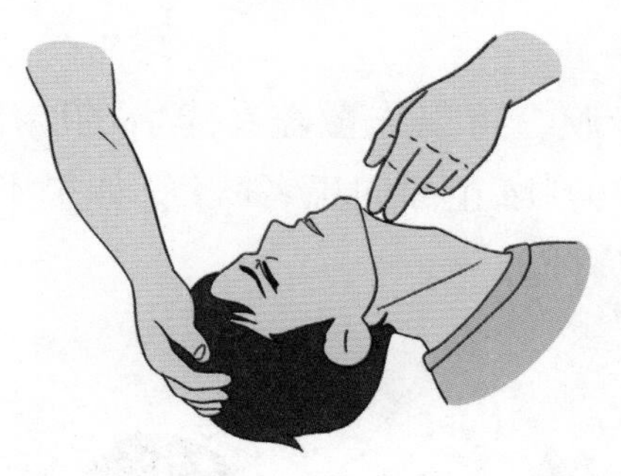

◎ 胸外心脏按压。

使伤员仰卧平躺。

施救者跪在伤员躯干的一侧，两腿稍微分开，重心前移，确定好双手按压的部位：伤员双乳头连线中央。

施救者双手掌根重叠，十指相扣，掌心翘起，手指离开伤员胸膛，上半身前倾，双臂伸直，垂直向下，用力、有节奏地连续按压 30 次。按压深度 5 ~ 6cm，而后迅速放松，解除压力，让伤员的胸廓自行复位。按压与放松时间大致相等，频率为每分钟不低于 100 次。

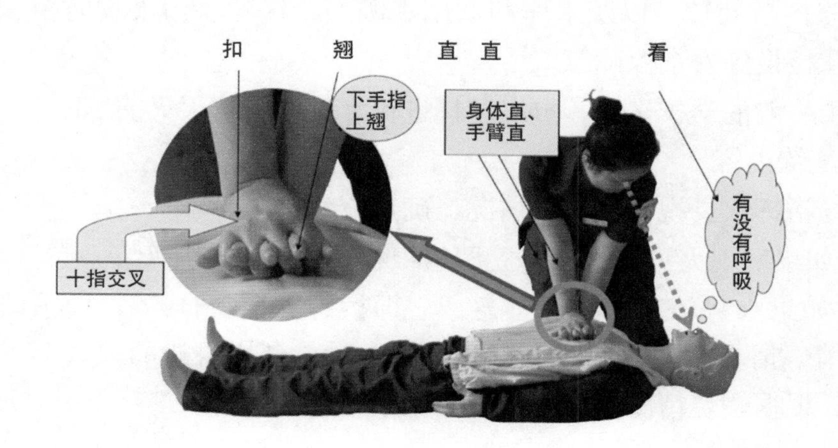

◉ 人工呼吸。

在保持患者仰头抬颌的前提下，施救者用一只手捏紧伤员的鼻孔，深吸一大口气，张大口包紧伤员的口唇，用力而缓慢地向伤员口内吹气 1 秒或稍长时间，然后放松鼻孔，并观察胸廓是否抬起。

每做 30 次心脏按压，交替进行 2 次人工呼吸。反复进行上述动作，直到伤者开始有活动，或有人接替施救者继续进行，或已经进行了 30 分钟以上。

如果有人工呼吸膜，可以先覆盖在患者的脸上，中间突出的塑料嘴插入伤员口腔，从塑料嘴正面向患者吹气；如果不愿意进行人工呼吸，单纯实施心脏按压也可以。

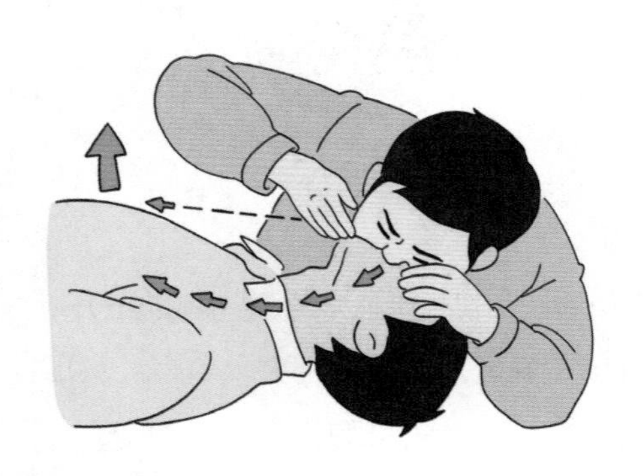

地震次生灾害处置演练

地震次生灾害的处置，主要包括火灾、水灾、危化品、毒气、地质灾害监控与处置，以及水库和饮用水源安全保障、污染物防控、环境监控和核设施安全保障等。

对于一般的学校来说，可以选择进行常见的消防灭火演练。

◆ 演练内容

现场指挥人员视现场火势情况，确定应对措施。

◉ 如果发现火势较小，可立即组织相关人员自行扑灭。

◉ 如果火势较大，情况紧急，立即拨打电话“119”，向消防队报告火情，请求救援；同时，组织现场力量，利用身边的灭火器等消防器材，根据燃烧情况，进行灭火及相关应急处置。

◈ 对化学药品、油类、可燃气体、带电设备等性质的火灾，可采取干粉灭火器进行灭火演示；发生木材等性质的火灾时，可采取水枪灭火。

◆ 注意事项

◈ 拨打火警电话之后，应安排人员在消防车辆必经路口等待，以最快的速度引导专业救援人员到达准确目的地。

◈ 如果火灾现场易燃物较多，火势可能发展较快，应安排安全员组织现场师生疏散，疏散时身体尽量压低，将毛巾或衣物打湿掩住口鼻，有秩序地撤离到安全的地方。

◈ 发生火灾以后，作为未成年人的中小学生，是被救助和保护的重点之一。最重要的是保护好自己，尽快撤离火场，躲到安全的地方。

特别提示：中小学生一定不要盲目参与灭火行动！

◈ 干粉灭火器的使用要领

不同种类的灭火器适用于不同的火灾场合。干粉灭火器，可以用于扑救带电设备、液化石油气灶及钢瓶上角阀或煤气灶等处的初起火灾，也能扑救锅具起火和废纸篓等固体可燃物燃烧引起的火灾；还可用于家庭汽车引发的火灾。

干粉灭火器使用方法

1）取出灭火器

2）拔掉保险销

3）一手握住压把，一手握住喷管

4）对准火苗根部喷射（人站立在上风位置）

1. 在距离起火点 5 米左右处使用灭火器，在室外使用时，应占据上风位置。
2. 使用前，先把灭火器上下颠倒摇晃数次，使瓶内干粉松散。
3. 拔下保险销，对准火焰根部压下压把喷射。
4. 在灭火过程中，应始终保持灭火器为直立状态，不得横卧或颠倒使用。
5. 灭火后防止复燃。

一般家庭可选择干粉灭火器。干粉灭火器使用四字诀：一提，二拉，三握，四压。

◈ 一提——将灭火器提到距火源适当位置。

◈ 二拉——先上下颠倒几次，使筒内的干粉松动，拉去保险销。

◈ 三握——握住灭火器，让喷嘴对准火源根部。

◈ 四压——用力压下手把，灭火剂就会猛烈喷出。

地震应急演练的解说和记录

在演练实施过程中，演练组织单位（学校）可以安排专人对演练过程进行解说。解说可参照应急演练脚本中的解说词进行，内容一般包括：演练背景描述、进程讲解、案例介绍、环境渲染等。

◇ 在模拟地震发生时，需要演练解说员将整个演练过程串联起来。

◈ 现场演练人员是否能将演练背景解说得清晰准确，是否与演练进程实时同步是指引演练顺利进行的关键。

◈ 演练解说，也可针对演练过程中的重要处置步骤和救援设备的使用，向观摩人员做详细解释。

◇ 演练实施过程中，一般要安排专门人员，采用文字、照片和音像等手段记录演练过程。

◈ 文字记录一般可由评估人员完成，主要包括演练实际开始与结束时间、演练目的、演练总指挥、主要参加人员、演练内容和过程、演练总结（各项演练活动中参演人员的表现）、意外情况及其处置等内容，尤其应详细记录可能出现的人员“伤亡”（如进入“危险”场所而无安全防护，在规定的时间内不能完成疏散等）及财产“损失”等情况。

学校地震应急演练记录表

演练时间		演练地点	
演练总指挥		预案名称	
演练目的			
主要参加人员			
演练内容和过程			
演练总结			
意外及处置情况			
备注			

记录人：　　　　　　　　　　　　演练总指挥：

◈ 照片和音像记录，可安排专业人员和宣传人员在不同现场、不同角度进行拍摄，尽可能全方位反映演练实施过程。

地震应急演练人员和设备的安全保障

地震综合应急演练规模大、情节设计逼真、涉及人员和设备多。因此，在演练实施过程中，所有演练环节都应凸显“安全”两字。

◇ 在应急演练工作方案起草过程中，应充分考虑应急演练实施中可能面临的各种风险，制定必要的安全保障方案，并针对应急演练过程中可能引发事故的关键部位或重点环节，采取相应的安全工作措施。

◇ 演练现场要有必要的安保措施，必要时对演练现场进行封闭或管制，保证演练安全进行。

◈ 演练人员应配备个体防护服装和装备，保证其在演练过程中的安全。

◈ 有条件的学校，应配备安全保障组在演练现场随时待命。安全保障组由公安、消防、医院、急救中心相关人员共同组成，维护会场秩序，为演练会场人员提供急救服务。

◈ 应急演练现场主要由指挥人员、参演人员、保障人员、评估人员、新闻工作者和观摩人员等六类人员构成。各类人员应佩戴特定标识，在应急演练现场给予区分与管理。

◈ 应急演练当天，后勤保障组要加强应急演练现场管控，防止无关人员进入演练区，保证现场安全。

◇ 演练组织单位要高度重视演练组织与实施全过程的安全保障工作。应急演练领导小组应加强对安全措施的督促、检查和指导，把安全思想贯穿应急演练实施全过程。

特别提示：

◈ 演练出现意外情况时，演练总指挥与其他领导小组成员紧急会商后，可提前终止演练。

◈ 在出现地震谣传的敏感时期，或可能影响公众生活、易引起公众误解和恐慌的应急演练，应提前向社会发布公告。告知演练内容、时间、地点和组织单位，并做好应对方案，避免造成负面影响。

六、学校地震应急演练的总结阶段

地震应急演练的总结和归档

演练的总结是演练之后，对演练的情况进行的总结反思，能够起到继续保持优势、改正不足、及时完善、总结经验的作用。

◇ 演练总结，可分为现场总结和事后总结。

◈ 现场总结，是在演练的一个或所有阶段结束后，由演练总指挥、总策划、专家评估组长等在演练现场有针对性地进行讲评和总结。内容主要包括：本阶段的演练目标、参演队伍及人员的表现、演练中暴露的问题、解决问题的办法等。

◈ 事后总结，是在演练结束后，由组织协调组或宣传报道组根据演练记录、演练评估报告、应急预案、现场总结等材料，对演练进行系统和全面的总结，并形成演练总结报告。演练参与单位也可对本单位的演练情况进行总结。

◇ 演练总结一般包括：演练方案的再现程度，锻炼队伍及能力提升情况，队伍的软硬件配备等的满足程度，各环节衔接情况，未能实现的情景及原因，存在的主要问题等。

◈ 如果有必要，可以专门召开一次地震应急演练总结会议。在召开总结会之前，最好完成应急演练总结报告初稿起草，作为上会材料。各工作组和参加指挥协调的教职工，从自身角度，分析总结应急演练的经验和教训，提出改进演练及总结报告的意见和建议。

特别提示：演练总结，无需拘泥于结果的“成功”与“失败”。

◇ 总结后，要注意资料的归档。演练归档资料包括：演练方案、演练手册 (脚本)、实景数据图像多媒体、评估报告、演练总结等。

◈ 归档资料，作为改进应急工作的重要依据，也可以作为培训应急队伍的教学材料。

◈ 对于由上级有关部门布置或参与组织的演练，或者法律、法规、

规章要求备案的演练，演练组织单位应当将相关资料报有关部门备案。

地震应急演练的评估

演练评估是在全面分析演练记录及相关资料的基础上，对参演人员表现、演练活动及其组织过程作出客观评价，并编写演练评估报告的过程。所有应急演练活动都应进行演练评估。

◇ 演练评估，应围绕演练目标设计考核指标。

◈ 通过观察、体验和记录演练活动，比较演练效果与设定目标之间的契合程度，总结演练成效和过程的不足。

◈ 每项演练目标的评估，应设计有针对性的考核项目、方法和标准，可以进行主观评分或事先制定评估表格量化评估。

◈ 通过组织评估会议、填写演练评价表和对参演人员进行访谈等方式，也可要求参演单位提供自我评估总结材料，进一步收集演练组织实施的情况。

◈ 还可以在应急演练现场组织专家和参会领导，对应急演练总体情况、取得效果、参演队伍表现、存在问题和意见建议等情况进行点评，为撰写评估报告和总结报告提供素材。

◇ 如果有条件，学校可以成立演练评估组。以应急演练目标为基础，根据应急演练场景、流程中的关键节点与处置工作要点，研究确定应急演练评估的考核要点、评估标准和方法，制定评估工作方案，并制作评估表格，发给参加评估的专家和老师。

◇ 完成演练评估之后，还要及时撰写演练评估报告。演练评估报告的主要内容一般包括：演练执行情况、预案的合理性与可操作性、应急指挥人员的指挥协调能力、参演人员的处置能力、演练所用设备装备的适用性、演练目标的实现情况、演练的成本效益分析、对完善预案的建议等。

地震应急演练项目的评估标准

演练评估是通过观察、体验和记录演练活动，比较演练实际效果与目标之间的差异，总结演练成效和不足的过程。演练评估应以演练目标为基础。每项演练目标都要设计合理的评估项目、方法、标准。

在具体操作中，可结合演练的实际内容，设计类似下面的“学校地震应急演练效果评估表”，发给参加评估工作的专家和老师，进行打分。每个评估内容小项满分可记为 10 分，总分为 400 分。为了直观起见，将各位评委的评分平均值除以 4，就可以得出百分制的评分结果。

学校地震应急演练效果评估表

评估项目	评估内容	得分	备注
应急演练启动和响应	1. 演练单位能够依据应急预案快速确定地震灾害的严重程度及响应等级 2. 演练单位能够通过总指挥或控制人员及时启动应急响应 3. 采用有效的工作程序，警告、通知和动员相应范围内人员 4. 参演人员能够按照演练方案规定的分工和角色，迅速采取相应的行动，动作规范 5. 参演人员按照疏散路线，快速有序到达疏散场地的指定区域，及时准确报告人员数量及现场情况		
指挥和协调	1. 现场指挥部能够及时成立并立即发挥作用（人员到位，位置合理） 2. 在组织学生避险、疏散的整个过程中，使用规范、简短、明确的疏散用语 3. 安排专人核对和记录各班级人员数量，到达疏散场地时间 4. 应急指挥人员按预案或方案进行有效指挥协调，能够根据现场情况对救援工作全局进行及时调度 5. 各应急工作组能够在规定时间内到位 6. 各应急工作组分工明确，并根据应急职责开展工作		

续表

评估项目	评估内容	得分	备注
事故处置	1. 参演人员能够按照处置方案规定或在指定的时间内迅速达到现场，开展救援 2. 参演人员能够对事故先期状况做出正确判断，采取的处置措施科学、合理，处置结果有效 3. 现场参演人员职责清晰，分工合理 4. 应急处置程序正确、规范 5. 参演人员之间有效联络，沟通顺畅有效，并能够有序配合，协同救援 6. 事故处置过程中采取措施，防止次生或衍生事故发生		
应急资源管理	1. 应急设施、设备、器材等数量和性能能够满足现场应急需要 2. 参演人员能够快速、科学使用外部提供的应急资源，并投入应急救援行动 3. 演练场地规划分区科学合理 4. 根据学生分布和建筑物结构，合理确定各班级疏散路线，合理分流；疏散通道保持畅通 5. 演练场景布设逼真，使师生有亲临现场的感觉		
人员保护	1. 应急救援人员配备适当的个体防护装备，或采取了必要的自我安全防护措施 2. 针对事件影响范围内的其他人群，能够采取适当方式发出警告并采取安全防护措施 3. 第一时间对事故现场人员进行主动搜救，发现受伤、中毒人员及时救援 4. 针对事故现场采取必要的安全措施，确保救援人员安全		
警戒与管制	1. 关键应急场所的人员进出通道受到有效管制 2. 合理设置了交通管制点，划定管制区域 3. 有效控制疏散路线，清除道路上的障碍物，保证道路畅通		

续表

评估项目	评估内容	得分	备注
消防灭火与医疗救护	1. 灭火操作规范 2. 应急响应人员对受伤害人员采取有效先期急救，急救药品、器材配备齐全、有效 3. 对事故中受伤人员进行正确现场急救 4. 现场急救操作规范		
现场控制及恢复	1. 针对地震可能引发的人员安全健康及环境、设备与设施方面的潜在危害，采取有效的应对措施 2. 现场产生的消防用水，能够及时、有效处置，并确保没有造成二次污染或危害 3. 对事故现场污染物进行洗消		
其他	1. 演练结束，各班主任或应急队伍负责人按总指挥要求进行集结，清点汇报人员情况 2. 对演习存在的问题进行总结分析，指出演练中存在的问题 3. 演练准备工作充分，动员培训到位，相关材料齐全 4. 上次演习中的同样问题不重复出现		
评估专家		总分	

地震应急预案的修订完善

应急演练是对应急能力的一个综合检验，能使应急人员进入“实战”状态，熟悉各类应急处置和整个应急行动的程序，发挥自身职责的作用，提高协同作战的能力，确保灾时应急救援工作协调、有效、迅速地开展。同时，通过对应急演练成效的评估分析，也能发现地震应急预案中存在的不足，以便及时进行改进和完善。

及时修订更新学校地震应急预案，使之能够适应可能随时变化的突发情况，更具实用性和可操作性。

预案修订应做到内容精练、程序简洁、指挥高效、责任明确、协调顺畅、措施具体，确保发布的应急预案符合客观实际，贴近实战应对，突出“快”和“急”。

预案修订后，应当及时向全校师生和其他员工公布，并进行必要的宣讲。

为了不断完善预案，应坚持定期开展全校师生参与的地震应急演练。通常情况下，应重点考虑补充完善以下内容。

◇ 补充完善地震风险调查与评估的相关内容，明晰“风险有多大”，必要时应找专业机构完成，以实现应急预案的动态管理。主要针对三个项目开展：

- 学校及所在区域的地震风险等级；
- 学校建（构）筑物与生命线工程设施的抗震能力；
- 次生灾害源分布及控制能力。

特别提示：如果学校建（构）筑物达不到所在区域基本地震烈度或地震动参数的抗震等级，即国家标准《中国地震动参数区划图》（GB 18306—2015）以及《建设工程抗震管理条例》的相关规定要求，必须进行专门的抗震性能鉴定与抗震加固。

◇ 补充完善地震避险合适位置的相关内容，分类确定“就近躲避位置”，重点分辨出各个房间的承重墙“内墙角”。

- 教室、实验室、食堂、卫生间等场所的“就近躲避位置”；
- 楼道、走廊、楼梯等的“就近躲避位置”。

◇ 补充完善地震避险动作的相关内容，重点规范“伏地、掩护、抓牢”三步避险动作要领以及时间要求，最终形成每名师生的“条件反应”。

◇ 补充完善地震疏散路线与集中避难场所的相关内容，通过每次演练，以班级时间、楼层时间、整楼时间、全校时间“最短”原则，逐步修正并完善各部位“风险点位置图”“逃生路线图”，最终形成以各班级为单位的固定路线，并反复演练，形成每名师生的“记忆”。

- 室外应急通道规划路线；
- 各个建筑物内人员疏散的应急疏散路线和关键部位引导员的位置；
- 各班级疏散集中的固定区域。

附录1　学校地震应急预案案例分析

××中学防震减灾应急预案

为确保防震减灾应急工作高效而有序地进行，保证我校在地震、临震预报发布或地震发生后，快速、有序、高效地实施地震应急工作，最大限度地减轻地震灾害造成的生命财产损失，根据《中华人民共和国防震减灾法》《国家破坏性地震应急预案》等精神，结合我校实际，特制定本预案。

一、防震减灾应急工作机构

破坏性地震应急工作，包括平时应急准备、临震应急和震后应急三个阶段。为及时、有序地做好地震应急工作，我校成立防震减灾领导小组。当遭受破坏性地震袭击时，该领导小组即自动转为抗震救灾指挥部。组长即为总指挥，防震减灾工作领导小组负责领导和协调全校防震减灾工作，研究部署各项防震减灾和应急准备工作措施，督促检查落实情况，研究决定有关重大问题。

（一）防震减灾领导小组

组　长：×××（校长）

副组长：×××（副校长）

成　员：王××　陈××　李××　宗××　顾××

（二）防震减灾工作领导小组职责

领导小组日常工作由学校政教处承担，领导小组下设办公室、应急疏散组、抢险救灾组、安全保卫组、信息收集报告思想工作组。

防震减灾应急工作领导小组职责：

1．全面负责学校地震应急工作，进行自救互救、避震疏散知识和安全常识的宣传教育，提高学校应急意识和抵御地震灾害的能力；

2．制定学校防震减灾预案，并组织演练；

3. 地震预报发布后，负责对学生进行防震、避震、自救互救知识的强化宣传和学校应急预案的实施；

4. 地震发生后，全面负责学校地震应急工作，指挥各专业工作组按预案确定的职责投入抗震救灾；

5. 负责向上级汇报灾情，必要时争取外援。

二、防震减灾应急工作领导小组职责分工

（一）组长：全面负责应急指挥工作，签发有关灾情、应急工作情况的上报或下达的文件，协调领导小组各成员开展抢险救灾，向上级部门及有关部门汇报工作。

（二）副组长：负责组织办公室准备向上级教育主管部门的工作汇报、应急工作总结；组织召开学校防震减灾领导小组工作会议，协调及组织开展应急疏散、抢险搜救、救护等自救互救工作。地震发生后，负责领导抗震救灾领导小组办公室、团委、后勤、安全保卫组开展抢险救灾及紧急用车、物资、设备的协调等工作。

（三）领导小组办公室组成及职责（挂靠政教处）

主 任：桂 ××

成 员：陈 ××　李 ××　宗 ××　顾 ××

1. 承担草拟学校开展地震应急工作的报告、总结及上情（灾情）下达、下情上报职责；

2. 承担领导小组在地震发生后提出具体应急工作方案职责；

3. 协调各专业组之间的应急救援工作；

4. 制定学校地震应急预案、应急救援工作程序；

5. 负责宣传报道，起草简报，承担领导小组的日常事务；

6. 组织开展学校防震知识的宣传、培训，组织应急模拟演练；

7. 进行应急资金的调度及所需物资、装备、设备、器材的供应，负责接待及其他后勤保障工作；

8. 安排应急期间的值班工作。

（四）抢险救灾组的组成及职责

组 长：顾 ××

副组长：陈 × ×

成 员： 各班班主任，所有任课教师，教务处工作人员

1．负责组织抢险救灾队伍进行自救互救，抢救被埋压人员。

2．抢救重要财产、档案等。

3．开展或配合有关部门尽快恢复被破坏的供水、供电等设施。

4．负责轻伤员救治，联系急救中心抢救重伤员。

5．负责可能发生的火灾预防和扑救。

（五）应急疏散组的组成及职责

组 长： 桂 × ×

副组长： 宗 × ×

成 员： 当班任课教师，各班班主任，政教处工作人员

1．破坏性地震或强有感地震发生时，具体负责师生就近避震，并组织有序、快速疏散。

2．制定学校地震应急疏散平面图和各年级疏散路线图，包括设立紧急避难场所并设置标志等。利用学校操场、绿地和空旷地带，以方便疏散为原则，当地震发生时，在教学岗位的教师，谁上课，谁负责组织学生就地避震并在震后有序疏散。

3．组织开展师生避震、疏散、简单救护演练；妥善处置受伤师生的安置工作，做好灾情调查、统计、上报（指挥部）工作。

4．疏散安置应急期的生活必需品（吃、穿、住、用）等工作。

（六）安全保卫组的组成及职责

组 长：陈 × ×

副组长：顾 × ×

成 员：门卫（3 人），综合办及总务处全体工作人员

1．破坏性地震或强有感地震发生后，负责重点部门（部位）的安全保卫保护工作，避免发生哄抢和人为破坏。

2．负责维护治安，协助开展伤员救治等救助工作。

（七）信息收集报告思想工作组

组 长： 李 × ×

成　员：全体领导班子成员

1. 负责日常地震知识的宣传、教育，地震来临时的防范和自救逃生。

2. 地震来临时，做好思想安抚工作，稳定民心，首先从宣传上战胜地震灾害。

3. 利用最有效的工具保持与有关部门的联系，准确沟通信息。

三、地震前的防震控制措施

1. 做好日常宣传教育工作。学校要通过办宣传栏、校内广播、班会、收看专题片、防震减灾知识讲座、编印学习材料等形式积极进行宣传教育，提高师生防震减灾、自救自护的能力。

2. 建立健全学校突发事件和突发性灾害的规章制度和应急预案，完善领导负责制、目标责任制和责任追究制，做到目标明确，责任到人。

3. 在所有的楼道内、楼门口，设置“安全通道”“安全出口”指示牌，平时集会时，就有意识地组织学生进行演练。

4. 学校总务处要保证疏散通道和疏散出口畅通无阻，在正常工作时间内，所有一楼的楼门要始终保持在地震等突发性事件发生后、应急疏散状态下打开，所有教室的前后门及所有的功能教室的前后门在紧急情况下能够打开。

5. 分管学校房屋设施、体育用品、电气设备、易燃易爆物品、图书室、实验室、语音室、微机室、多媒体教室的教师，对物品的安全防范工作负有直接责任，对不符合安全条件的设施设备要及时向总务处提出来，总务处要限期维修、更新，对无法及时维修、更新的应加设警示标志，问题严重的要设立隔离区，严禁师生进入或使用。

6. 学科教师在学校功能教室上课前，认真检查所需所用教学设施、教学实验器材的安全状况，对存在安全隐患的，应禁止使用，并要求总务处进行维护和更换。在教学活动前，必须对活动场地、活动内容、活动方式、活动要求进行详细检查，对不符合各类安全规章制度的，应坚决取缔，坚决杜绝任何侥幸心理。

7. 建立健全抗震救灾工作监督检查机制，坚持学校抗震救灾领导小组检查与各部门每天自检相结合、检查与整改相结合、检查与追究责任相结合。检查和自检都要有记录，检查记录内容包括：检查人、检查时间、检查内容、存在问题、处理意见、处理方式、处理结果、整改人、整改方式、整改结果、整改时间。要做到件件有结论，事事有结果，提高检查工作的针对性和实效性。

8．加强对教室、图书室、库房等人员密集场所的安全检查制度，加强对消防器材的检查、管理和使用。

9．震前要加强昼夜值班，保证办公电话和有关人员的通信工具畅通。接到上级部门有关指令后，要按照抗震救灾领导小组的部署，购置适当数量的食品、帐篷、药品、担架、灭火器、手电筒、安全帽等备用品。

10．在发现地震征兆或接到上级临震预报时，属于工作时间内的，学校抗震救灾领导小组要立即组织教职工和学生有组织、有秩序地疏散到安全地带，如学校操场。属于工作时间外的，学校抗震救灾领导小组和各应急小组人员必须在30分钟内到岗，加强值班，做好警戒，并保证通信工具畅通。对在疏散中因组织不得力发生混乱局面而造成的学生伤害事故，要层层追究责任。

四、发生强烈有感地震时的紧急避震、疏散方法及当班教师职责

1．若上课时发生强烈有感地震，正在上课的当班教师组织学生立即下蹲且钻到桌子下面紧急避震；第一次震波过后的间隙时间，立即组织学生有序地疏散到楼外操场等远离建筑物和高压电线的场地。

2．若课间发生强烈有感地震，由班主任、防震减灾领导小组成员以及任课教师组织仍在室内的学生，按照第一条方法紧急避震和疏散；在室外，以教师所在半径20米为圆心，教师有责任立即组织所在区域的学生就近避震，将其疏散到远离建筑物和高压电线的比较宽敞的场地。

3．发生强烈有感地震时，所有教师和管理人员有监督对方所在的位置的责任；教师和管理人员在自己所处的楼层内，都承担有组织疏散学生的责任，若学生没有完全疏散完，所有教师和管理人员不得擅自离开而只顾自己避震。

4．在非常时期，要更加强化所有组织疏散学生的责任人的法律责任。

5. 在所有的楼道内、楼门口，设置“安全通道”“安全出口”指示牌，平时集会时，就有意识地组织学生进行演练。第一次震波过后的间隙时间，立即组织学生有序地疏散到楼外操场等远离建筑物和高压电线的场地。

五、地震发生后的抢险和救护措施

1．在发生地震时，属于工作时间内的，学校防震减灾领导小组要立即组织教职工有组织、有秩序地将学生疏散到安全地带（如学校操场）。如学生正在教室上课，任课教师必须坚守岗位，组织学生采取科学方式进行避震。震后，任课教师立即有组织、有秩序地疏散学生到安全地带。属于工作时间外的，学校防震减灾领导小组和各应急小组人员必须在 30 分钟内到岗，加强值班，做好警戒，并保证通信工具畅通，组织力量，进行抗震救灾。坚持“先救人后救物”的原则，主要是首先抢救未能及时撤离而被困在建筑物内或被埋压的师生，其次，设法搬运出已储备的各类抗震物资等。

2．加强联系，迅速报告。各个应急小组在采取有效措施积极抗震救灾的同时，学校防震减灾领导小组要以最快的速度与教育局防震减灾领导小组取得联系，以保证抗震救灾工作的顺利进行，各个抗震救灾领导小组和各应急小组成员以及司机，必须保证通信工具 24 小时畅通，服从统一指挥，立即投入抗震救灾工作中。

3．对已撤离危险区和已被抢救出的师生，要尽量保证对他们的物资供应。对受伤的师生，要做好抢救工作，并配合卫生防疫部门，做好学校的防疫工作。同时，要组织做好学校财产、化学用品、易燃易爆物品、压力容器等物品的安全保卫工作，并立即切断电源、水源，对一切可能继续引发安全事故的设施，要采取果断措施及时处理。对不能处理的，要及时上报。

4．做好安全保卫工作，保证学校安全。重点保护好电话、水源、物资供应仓库、化学用品、易燃易爆物品和贵重物品。在灾情局势未平稳的情况下，坚决杜绝校外人员到学生疏散地找人，要采取果断措施，坚决制止一切不法行为。

六、震后主要工作

1．学校防震减灾领导小组和各应急小组成员要在市教育局防震减灾领导小组的统一指挥下，集中力量恢复正常教学秩序，努力解决教职工的后顾之忧。

2．进行震害震情调查，分析震害损失，记录地震第一手资料，及时向上级汇报。要及时总结经验教训，作为今后恢复、重建、抗震救灾的重要依据。

3．在市教育局防震减灾领导小组的统一指挥下，集中力量编制人力、物力、财力计划，恢复正常教学的重建计划，及时上报有关部门审批后尽快实施。

附件 1：师生应急疏散平面图（一层、二层，三至五层略）

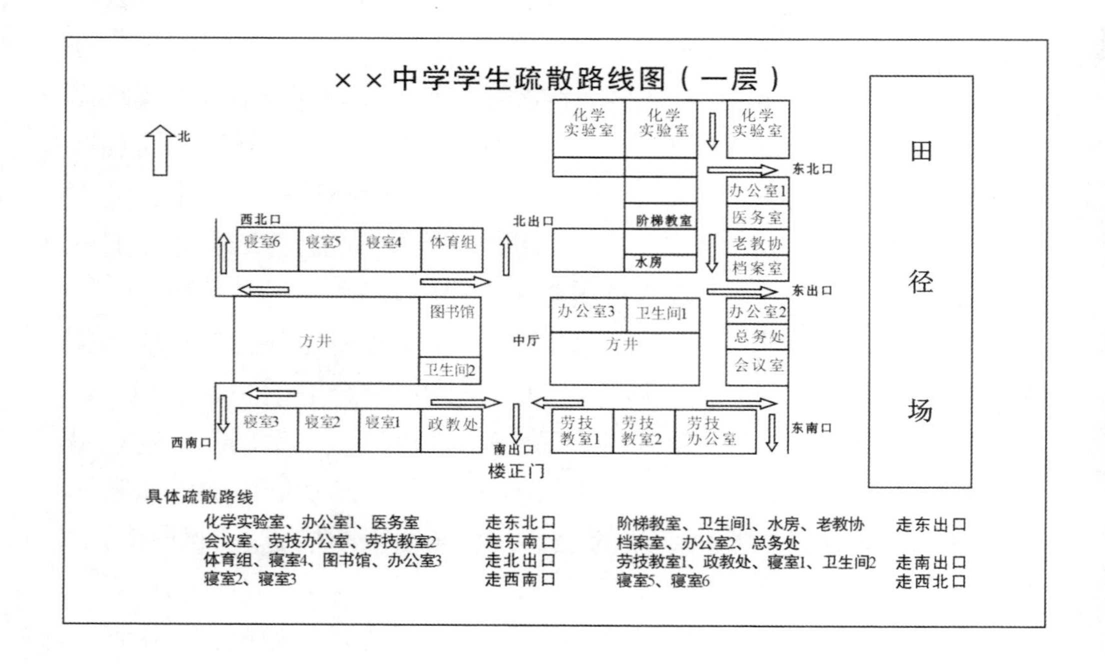

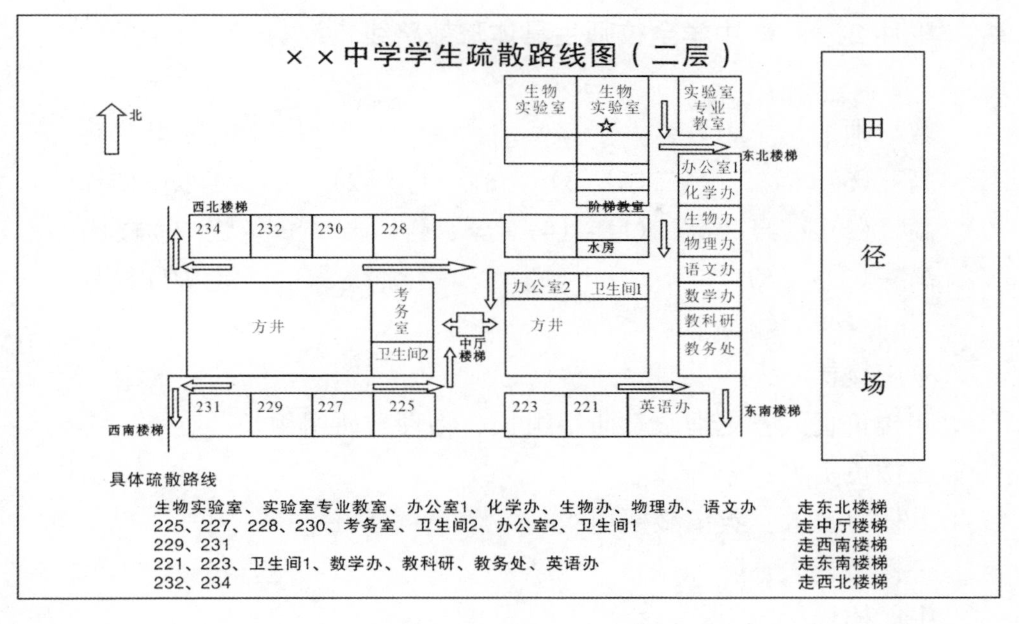
××中学学生疏散路线图（二层）
北
生物实验室
生物实验室☆
实验室专业教室
东北楼梯
田径场
办公室1
化学办
生物办
物理办
语文办
数学办
教科研
教务处
阶梯教室
水房
西北楼梯
234
232
230
228
方井
考务室
卫生间2
中厅楼梯
办公室2
卫生间1
方井
231
229
227
225
223
221
英语办
西南楼梯
东南楼梯
具体疏散路线
生物实验室、实验室专业教室、办公室1、化学办、生物办、物理办、语文办　走东北楼梯
225、227、228、230、考务室、卫生间2、办公室2、卫生间1　走中厅楼梯
229、231　走西南楼梯
221、223、卫生间1、数学办、教科研、教务处、英语办　走东南楼梯
232、234　走西北楼梯

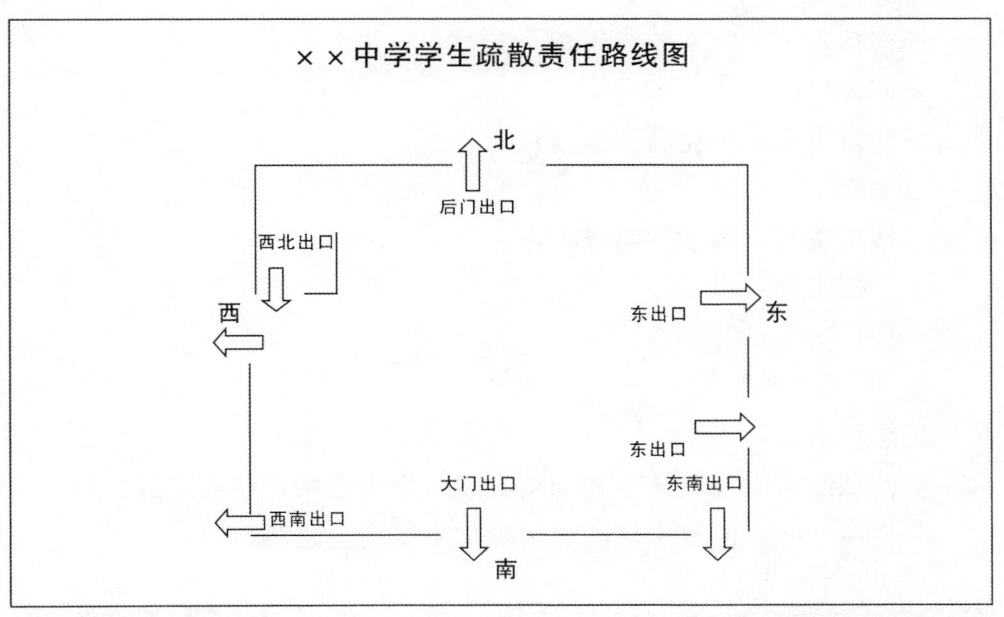
××中学学生疏散责任路线图
北
后门出口
西北出口
西
东出口
东
东出口
大门出口
东南出口
西南出口
南

附件 2：××中学全校师生具体疏散路线

教　师			走东北楼梯
高三(6)(5)	高二(6)(5)	高一(1)(2)	走东南楼梯
高三(1)~(4)	高二(1)~(4)		走中厅楼梯
高一(3)~(6)			走中厅楼梯

东南楼梯
四楼负责人：史地政教研组组长、物理教研组组长
三楼负责人；李××
二楼负责人：英语教研组组长
一楼负责人：陈××
中厅楼梯
四楼负责人：高一年级组长
三四楼中间：顾××
三楼负责人：生化教研组组长
二三楼中间：桂××
二楼负责人：数学教研组组长
一二楼中间：尹××
一楼负责人：陈××

班级负责人：
上课期间，由各班任课教师负责组织学生按指定路线疏散；
非上课期间，由班主任负责组织学生按指定路线疏散。

【案例分析和评述】

◆ 与很多同类和类似预案相比较，该中学的防震减灾应急预案有如下几方面的显著优点。

成立了防震减灾应急工作机构，并且明确了职责和分工，内容比

较具体。

提出了切实可行的“地震前的防震控制措施”和“震后主要工作”。

地震前的防震控制措施。考虑了日常宣传教育工作；建立健全学校突发事件和突发性灾害的规章制度和应急预案；建立健全抗震救灾工作监督检查机制；设置安全通道和安全出口指示牌，保证疏散通道和疏散出口畅通，组织学生进行演练。强调了分管学校房屋设施、电气设备、易燃易爆物品教师的安全防范工作责任，学科教师对所需所用教学设施、教学实验器材的安全责任，加强对消防器材的检查、管理和使用。

对“震后主要工作”进行了思考和安排，是本预案的一大突出特点。

针对不同情况，制定“单项”的行动措施，增强了可操作性。如考虑了“上课时”“课间”发生强烈有感地震时的紧急避震、疏散方法，及其当班教师职责“教师有责任立即组织所在半径区域的学生就近避震，将其疏散到远离建筑物和高压电线的比较宽敞的场地”；制定地震发生后的抢险和救护措施时，考虑了“属于工作时间内”和“工作时间外”不同的具体情况；附件 1 中的“师生应急疏散平面图”，分层进行了考虑，简单明确，操作性强。

◆ 另一方面，作为学校的防震减灾应急预案，至少还有如下几点值得思考、改进和提高的地方。

在预案中，最好补充“区域和学校概况”，包括地理环境、师生总人数和分布，隐患排查与风险评估，学校建（构）筑物的抗震能力，生命线工程的抗震能力，次生灾害源分布及控制能力等方面的概述。

在应急响应与后期处置方面，除了应急预案的启动条件，还应必须明确响应的分级、响应的程序和应急结束的条件，突发事件信息的采集、上报与公布，与家长和媒体的信息沟通、信息公开与发布，触发火情等次生灾害处置，伤员救治、学生心理急救等方面很可能要面临的实际问题。

在相关附件中，应补充应急组织指挥机构和人员的通信方式、学校总体平面布局图、学校风险点位置图、应急资源一览表等。

附录 2　学校地震应急演练方案案例分析

××学校地震应急疏散演练方案

为顺利应对突发事件，妥善处置校园安全事故，最大限度地防止或减少地震、火灾等意外事故对师生、学校可能造成的危害和损失，防止群死群伤的恶性事故发生，保障师生的身体健康和生命安全，维护学校正常的教学秩序和校园稳定，根据上级教育行政管理部门的要求，结合我校工作实际，特制定本紧急疏散演练方案。希望全体师生熟悉方案内容，认真按方案程序执行。

一、安全疏散演练活动的目的

1. 使全校师生熟悉我校的紧急疏散通道。

2. 增强我校师生对突发事件的应变能力。

3. 进一步发现我校在应对突发事件时尚存的问题，以利整改。

二、安全理念及工作原则

1. 坚持"以人为本"的思想，坚持师生生命安全高于一切的原则。明确责任，细化分工，定位定岗，安全无小事，责任重于泰山。

2. 坚持预防为主，安全有备，群防群治的原则。

3. 坚持遇事冷静、沉着应对、积极处置的原则。

三、组织机构

（一）指挥中心

总指挥：×××（校长）

职责：指挥调动各行动小组进行疏散、救援工作。

副总指挥：×××（副校长）

职责：协调指挥各行动小组进行疏散、救援工作。

（二）现场疏散引导组

组长：张××

职责：现场指挥学生向既定的安全方向和地点进行疏散。

组员：各楼层楼道、楼梯口负责人（见下表）。

教学楼紧急疏散演练负责人

位　置	教　师
楼　门	许 ××
三　楼	曹 ×
二楼半	徐 ××
二　楼	曹 ××
一楼半	杨 ××
一　楼	赵 ××
广场四周	体育组

（三）通信联络组

组长：田 ××

职责：即时收集各班疏散情况，与学校总指挥保持联系，反馈现场的即时信息。

（四）医疗救护组

组长：王 ×

组员：（略）

职责：对在疏散过程中出现的擦伤、碰伤等情况即时进行包扎、治疗。

（五）安全防护组

组长：雷 ××

职责：维护现场外围的秩序，保证校内应急车辆的调配使用。

（六）司钟计时、广播、信息收集组

组长：赵 ××

组员：张 ××（负责摄影、拍照）　马 ××

职责：负责发布紧急疏散信号和解除紧急疏散信号，记录演练起止时间，广播引导学生有序疏散，拍摄活动相片。

四、活动规则

在疏散活动过程中，做到快、静、齐，秩序井然，没有拥挤、混乱和打闹现象。

五、演练程序

教学楼紧急疏散演练。

1．演练信号：

利用校园广播系统或哨声发出紧急疏散警报信号，设定两种时候出现灾害，组织疏散演练：一是上课时候；二是课间时候。老师立即组织好学生，不要慌乱，指挥学生有序疏散。

2．疏散顺序与线路：

◆ 第一种情况：上课时候

（1）听到紧急疏散信号后，班主任（任课教师）即刻打开教室前门，靠后门同学迅速打开教室后门，全体师生迅速把自己的椅子放到桌子下，1 至 4 排学生一个跟一个走前门，4 排后学生按倒序一个跟一个走后门，排 2 列纵队依次按规定线路向学校操场疏散。学生走完后，班主任（任课教师）检查教室内是否仍有学生留下。如果有，要及时问清原因，并将该生带离教室。学生迅速撤离时，禁止携带物品，由老师指挥学生紧急疏散。

（2）学生离开教室后，班主任（任课教师）仍站在楼层拐弯处配合楼层负责人管理学生快速疏散，以防止学生拥挤踩踏。学生排 2 列下楼梯，相互之间要关照。楼层办公室内未上课教师听到警报后，应立即前往楼梯口，协助管理人员组织学生疏散，直到楼层所有学生撤离为止。

（3）各层面的管理人员必须等到学生全部撤离后方可离开，否则视为擅自脱岗。

◆ 第二种情况：课间

听到紧急疏散信号后，楼层上的学生仍按第一种情况紧急撤离，楼层外的学生听到信号后迅速向操场撤离。

学生疏散线路说明：

教学楼：

1．初三年级（1）（2）班走东楼门，向左，在东广场集合；（3）

（4）班出教室门走西楼门后到南广场集合。

2. 初二年级（1）（2）班走东门下楼或向实验楼转移，（3）（4）班走西门下楼后到南广场集合。

3. 初一年级（1）（2）班走东门下楼或向实验楼转移，（3）班走西楼门下楼后到南广场集合。

注意：

1. 撤离时，各班前 3 行从前门走，后 3 行从后门走。

2. 各班由班主任负责组织和带领学生撤离。若事发时是任课教师上课，则由任课教师组织学生撤离，待班主任到位后方可到指定岗位执勤。

3. 紧急情况下，指定负责人不在场时，其他人员应负责指挥。

4. 撤离时出现突发事件，由相应的楼层楼梯负责人负责处理，并即时向指挥中心报告。

5. 演练初期不比赛班级快慢，但要求不慌乱，保持安静，不传谣，不信谣，不喊叫，禁推挤，不弯腰做任何事情（如：系鞋带、拾钱物等），能安全到达指定地点。演练后期要计算控制总的运行成本时间，并及时点评。

6. 班主任和各楼层安全员必须在疏散演练开始时提前 2 分钟到位。走出教室往下疏散时，班主任老师走在本班队伍最后面，跟楼层负责老师报告本班学生全部撤离完毕后，与学生一起撤离。

7. 演练前，教师通过例会学习，明确自己分担的职责及其到达的位置；学生要提前在班主任的教育下，学习疏散知识，熟悉疏散线路，明白应急演练的意义。

8. 各班演练师生到达指定位置后，保持“快、静、齐”，统一听从总指挥点评讲话。

六、活动要求与注意事项

教师：

1. 班主任要对本班学生进行紧急疏散活动的动员，讲清活动的意义和要求，使学生在思想上重视此项活动。虽是演练，但要以实战的态度积极参与。

2．班主任要抽时间对学生进行训练，发现问题及时解决。

3．班主任及各岗位上的教师听到紧急铃声后，要迅速到位，各尽其责，紧密配合，师生共同疏散。

4．演练时，班主任跟随学生一起疏散，注意观察、发现演练过程中存在的问题，以便更好地做好总结。（演练后上交班级演练报告）

学生：

1．接到疏散命令后，要沉着冷静，听从指挥，撤离时动作要快，但是严禁推拉他人。遇到障碍，最前面的同学要设法快速排除障碍，保证后面同学顺利撤离。

2．如有学生跌倒，后面的一两名学生应快速将其扶起后继续撤离，其他同学要绕行，不要围观、拥挤，更不准往上压。

3．撤离过程中，不要弯腰做任何事情，如有擦伤、碰伤等情况出现，应先撤到安全地带后再找保健老师进行包扎、治疗。

4．在清查人数时，如果发现人数不齐，不要回原处寻找，应立即报告老师，教师向领导汇报后由领导处理。

【案例分析和评述】

◆ 与很多同类和类似小学的演练方案相比较，该学校的地震应急疏散演练方案有如下几方面的显著优点。

安全疏散演练活动的目的比较简明；组织机构和组成人员分工明确，教学楼各楼层楼道、楼梯口安排了紧急疏散演练负责人，考虑比较全面具体。“进一步发现我校在应对突发事件时尚存的问题，以利整改”包括了对预案的完善，如果能明确提出，会更好些。

对安全理念及工作原则的认识比较到位，提出“坚持师生生命安全高于一切的原则”，并在疏散演练方案的具体措施方面得到了有效体现。比如，在演练程序“注意”事项方面，提出了8点规定和要求；在“活动要求与注意事项”部分对重要要求又进行了强调。

疏散顺序与线路，重点考虑了“上课时候”和“课间时候”不同情况，增强了预案的适应范围和操作性。

◆ 另一方面，作为学校的地震应急演练方案，至少还有如下几点值得思考、改进和提高的地方。

演练时间和地点、参与演练人员、演练组织结构及人员分工等，都要具体、明确，演练情景和场所、安排哪些演练内容（比如躲避、疏散、灭火、急救等）应明确具体。

对演练过程中应急响应与处置各环节的实施步骤，包括准备工作、启动命令、躲避要求、疏散路线、演练流程、保障措施等，应进行明确设定和描述。

应准备演练人员手册、演练控制手册、演练具体安排和基本要求、安全注意事项、演练保障方案等必要的配套材料。

对学校地震应急演练前的动员和培训考虑和安排不足。虽然方案中规定了“演练前，教师通过例会学习，明确自己分担的职责及其到达的位置；学生要提前在班主任的教育下，学习疏散知识，熟悉疏散线路，明白安全演练意义”等内容，但作为全校性的应急演练，仅仅在班级层面进行应急演练前的动员和培训显然是不够的，应补充全校性的演练动员和培训内容，确保所有演练参与人员掌握学校的地震应急预案、地震应急基本知识、演练规则、演练情景和各自在演练中的任务。

是否充分考虑演练总结和评估，如何结合演练对地震应急预案进行必要的改进，这在很大程度上可能影响演练效果。